安吉白茶制作技艺

安吉白茶制作技艺

总主编 金兴盛

董仲国 黄卫琴 苏婷 编著

浙江摄影出版社

总序

中共浙江省委书记
省人大常委会主任 夏宝龙

非物质文化遗产是人类历史文明的宝贵记忆，是民族精神文化的显著标识，也是人民群众非凡创造力的重要结晶。保护和传承好非物质文化遗产，对于建设中华民族共同的精神家园、继承和弘扬中华民族优秀传统文化、实现人类文明延续具有重要意义。

浙江作为华夏文明发祥地之一，人杰地灵，人文荟萃，创造了悠久璀璨的历史文化，既有珍贵的物质文化遗产，也有同样值得珍视的非物质文化遗产。她们博大精深，丰富多彩，形式多样，蔚为壮观，千百年来薪火相传，生生不息。这些非物质文化遗产是浙江源远流长的优秀历史文化的积淀，是浙江人民引以自豪的宝贵文化财富，彰显了浙江地域文化、精神内涵和道德传统，在中华优秀历史文明中熠熠生辉。

人民创造非物质文化遗产，非物质文化遗产属于人民。为传承我们的文化血脉，维护共有的精神家园，造福子孙后代，我们有责任进一步保护好、传承好、弘扬好非物质文化遗产。这不仅是一种文化自觉，是对人民文化创造者的尊重，更是我们必须担当和完成好的历史使命。对我省列入国家级非物质文化遗产保护名录的项目一项一册，编纂“浙江省非物质文化遗产代表作丛书”，就是履行保护传承使命的具体实践，功在当代，惠及后世，有利于群众了解过去，以史为鉴，对优秀传统文化更加自珍、自爱、自觉；有利于我们面向未来，砥砺勇气，以自强不息的精神，加快富民强省的步伐。

党的十七届六中全会指出，要建设优秀传统文化传承体系，维护民族文化基本元素，抓好非物质文化遗产保护传承，共同弘扬中华优秀传统文化，建设中华民族共有的精神家园。这为非物质文化遗产保护工作指明了方向。我们要按照“保护为主、抢救第一、合理利用、传承发展”的方针，继续推动浙江非物质文化遗产保护事业，与社会各方共同努力，传承好、弘扬好我省非物质文化遗产，为增强浙江文化软实力、推动浙江文化大发展大繁荣作出贡献！

（本序是夏宝龙同志任浙江省人民政府省长时所作）

前言

浙江省文化厅厅长　金兴盛

要了解一方水土的过去和现在，了解一方水土的内涵和特色，就要去了解、体验和感受它的非物质文化遗产。阅读当地的非物质文化遗产，有如翻开这方水土的历史长卷，步入这方水土的文化长廊，领略这方水土厚重的文化积淀，感受这方水土独特的文化魅力。

在绵延成千上万年的历史长河中，浙江人民创造出了具有鲜明地方特色和深厚人文积淀的地域文化，造就了丰富多彩、形式多样、斑斓多姿的非物质文化遗产。

在国务院公布的四批国家级非物质文化遗产名录中，浙江省入选项目共计217项。这些国家级非物质文化遗产项目，凝聚着劳动人民的聪明才智，寄托着劳动人民的情感追求，体现了劳动人民在长期生产生活实践中的文化创造，堪称浙江传统文化的结晶，中华文化的瑰宝。

在新入选国家级非物质文化遗产名录的项目中，每一项都有着重要的历史、文化、科学价值，有着典型性、代表性：

德清防风传说、临安钱王传说、杭州苏东坡传说、绍兴王羲之传说等民间文学，演绎了中华民族对于人世间真善美的理想和追求，流传广远，动人心魄，具有永恒的价值和魅力。

泰顺畲族民歌、象山渔民号子、平阳东岳观道教音乐等传统音乐，永康鼓词、象山唱新闻、杭州市苏州弹词、平阳县温州鼓词等曲艺，乡情乡音，经久难衰，散发着浓郁的故土芬芳。

泰顺碇步龙、开化香火草龙、玉环坎门花龙、瑞安藤牌舞等传统舞蹈，五常十八般武艺、缙云迎罗汉、嘉兴南湖掼牛、桐乡高杆船技等传统体育与杂技，欢腾喧闹，风貌独特，焕发着民间文化的活力和光彩。

永康醒感戏、淳安三角戏、泰顺提线木偶戏等传统戏剧，见证了浙江传统戏剧源远流长，推陈出新，缤纷优美，摇曳多姿。

越窑青瓷烧制技艺、嘉兴五芳斋粽子制作技艺、杭州雕版印刷技艺、湖州南浔辑里湖丝手工制作技艺等传统技艺，嘉兴灶头画、宁波金银彩绣、宁波泥金彩漆等传统美术，传承有序，技艺精湛，尽显浙江“百工之乡”的聪明才智，是享誉海内外的文化名片。

杭州朱养心传统膏药制作技艺、富阳张氏骨伤疗法、台州章氏骨伤疗法等传统医药，悬壶济世，利泽生民。

缙云轩辕祭典、衢州南孔祭典、遂昌班春劝农、永康方岩庙会、蒋村龙舟胜会、江南网船会等民俗，彰显民族精神，延续华夏之魂。

我省入选国家级非物质文化遗产名录项目，获得“四连冠”。这不仅是我省的荣誉，更是对我省未来非遗保护工作的一种鞭策，意味着今后我省的非遗保护任务更加繁重艰巨。

重申报更要重保护。我省实施国遗项目“八个一”保护措施，探索落地保护方式，同时加大非遗薪传力度，扩大传播途径。编撰浙江非遗代表作丛书，是其中一项重要措施。省文化厅、省财政厅决定将我省列入国家级非物质文化遗产名录的项目，一项一册编纂成书，系列出版，持续不断地推出。

这套丛书定位为普及性读物，着重反映非物质文化遗产项目的历史渊源、表现形式、代表人物、典型作品、文化价值、艺术特征和民俗风情等，发掘非遗项目的文化内涵,彰显非遗的魅力与特色。这套丛书，力求以图文并茂、通俗易懂、深入浅出的方式，把“非遗故事”讲述得再精彩些、生动些、浅显些，让读者朋友阅读更愉悦些、理解更通透些、记忆更深刻些。这套丛书，反映了浙江现有国家级非遗项目的全貌，也为浙江文化宝库增添了独特的财富。

在中华五千年的文明史上，传统文化就像一位永不疲倦的精神纤夫，牵引着历史航船破浪前行。非物质文化遗产中的某些文化因子，在今天或许已经成了明日黄花，但必定有许多文化因子具有着超越时空的生命力，直到今天仍然是我们推进历史发展的精神动力。

省委夏宝龙书记为本丛书撰写“总序”，序文的字里行间浸透着对祖国历史的珍惜，强烈的历史感和拳拳之心。他指出：“我们有责任进一步保护好、传承好、弘扬好非物质文化遗产。这不仅是一种文化自觉，是对人民文化创造者的尊重，更是我们必须担当和完成好的历史使命。”言之切切的强调语气跃然纸上，见出作者对这一论断的格外执着。

非遗是活态传承的文化，我们不仅要从浙江优秀的传统文化中汲取营养，更在于对传统文化富于创意的弘扬。

非遗是生活的文化，我们不仅要保护好非物质文化表现形式，更重要的是推进非物质文化遗产融入愈加斑斓的今天，融入高歌猛进的时代。

这套丛书的叙述和阐释只是读者达到彼岸的桥梁，而它们本身并不是彼岸。我们希望更多的读者通过读书，亲近非遗，了解非遗，体验非遗，感受非遗，共享非遗。

2015年12月20日

目录

序言 // PREFACE

安吉，地处浙江西北部，县名取自《诗经》里"安且吉兮"之意。2012年，获得"联合国人居奖"。发端于黄浦江源头的西苕溪孕育了该县的古越文明，是古越国重要活动地和秦三十六郡之一的古鄣郡郡治所在地；上马坎遗址赋予了安吉独具魅力的文化符号，是浙江旧石器文化遗址考古第一点。80万年前，我们的祖先就在这块美丽的土地上生息繁衍。浓郁的乡土风情、淳朴的民风，孕育出勤劳智慧的安吉人民和璀璨夺目的民间艺术。这些都赋予了安吉独具魅力的文化内涵。

在漫长的历史长河中，不同的文化背景和风土习俗在安吉这片沃土上不断交融，传承并创造了地域特色明显的文化景观和底蕴深厚的文化内涵。从民间文学到手工技艺，从移民文化到节庆礼俗，从竹文化到茶文化，安吉先民在长期的劳动和生活中提炼出种类繁多、风格独特的非物质文化遗产，也为中国美丽乡村勾勒出一幅独具人文风情的迷人画卷。非物质文化遗产是安吉人民的智慧结晶，也是安吉文化的历史见证。

大美安吉，几乎有山的地方，就能看到茶园，有茶园的地方，就能听到关于茶的故事。据旧《安吉县志》记载：南北朝梁时陶弘景隐居安吉，饮梓坊所产之茶数十年，年逾八十而有壮容；茶圣陆羽隐居苕溪岸畔撰写世界上第一部茶叶专著《茶经》，其中写道"茶者，南方之嘉木也""浙西，以湖州上……生安吉、武康二县山谷"。20世纪80年代初，在安吉深山大溪山中发现了"白茶之祖"，这是宋徽宗《大观茶论》中提到的白茶再现。这些都极大地丰富了我国茶文化的内涵，有效地促进了我国白茶培育、制作工艺、饮茶习俗等文化的发展。2011年，安吉白茶制作技艺被列入第三批国家级非物质文化遗产保护名录。在短短的30年中，安吉白茶种植面积迅速发展到17万亩。2003 年4 月9 日，时任浙江省委书记的习近平在安吉调研时称赞："一片叶子富了一方百姓！"

为进一步保护、传承安吉白茶制作技艺这一优秀的非物质文化遗产，县委、县政府制定了一系列扶持政策，成立了相关的组织，制定了具体的保护措施，充分利用安吉县深厚的文化底蕴，加大宣传力度，建立了万亩白茶基地，开辟了安吉白茶博物馆，建起大规模的白茶市场，将白茶文化与旅游文化有机地结合起来，并营造安吉白茶制作技艺传承基地，努力打造安吉白茶新名片。

《安吉白茶制作技艺》一书主要对白茶的历史渊源、白茶的工艺价值、食用价值、药用价值、研究价值以及白茶的地域特征、白茶的文化现象、白茶制作技艺、白茶的传承和发展等方面，作比较系统的阐述。此书能让人们更全面地了解安吉白茶的起源、价值和发展，是一本反映安吉白茶的科普读物。它的出版，必将对安吉白茶的传承、发展起到积极的促进作用。

安吉县文化广电新闻出版局党委书记、局长　彭忠心

2015年12月

一、概述

安吉白茶由茶树特异性状的变异而来，它含有人体所需的18种氨基酸。茶汤鲜爽，清香持久。安吉白茶早春的鲜叶呈玉白色，叶脉翠绿，具有极高的观赏价值。该品种适应性强，丰产、抗寒、耐阴，品质优良。

一、概述

[壹]安吉白茶产地的自然环境

安吉县位于杭嘉湖平原西北部，东临德清，南接杭州的余杭、临安，北依长兴，西连安徽的宁国、广德两县市。下辖8镇、3乡、4街道，总面积1886平方公里，常住人口46余万人。天目山耸立于县境南缘，其东西两支山脉环抱县境两侧。安吉呈三面环山、中间凹陷、东北开口的畚箕形地形。全长52.35公里的西苕溪自西向东北穿境而过，注入太湖，径往黄浦江入海。

安吉历史久远，浙江省旧石器文化考古点安吉上马坎遗址的发掘，证明87万年前的旧石器时期，我们的祖先就在这块美丽的土地上劳动、生息；4000多年前，我们勤劳、聪明的祖先们就在今递铺镇的梅坑桥、余墩、安乐，梅溪镇的石龙口、板桥等苕溪两岸生活，并利用当地石料制作工具，从事农业、采集、狩猎等生产活动。

相传，公元前21世纪，禹建华夏，分天下为九州，安吉属禹贡扬州之域，为防风氏部落所辖。据古籍记载，当时部落酋长防风氏在今德清武康境内建国，安吉为防风氏国西境。

商周时期，安吉是南来北往的交通要道，中原文化渗透于该县，经济繁荣发达。周家湾出土的商代青铜器，造型与中原相似，但纹饰却有明显的江南地方特色，制作精良。这说明早在商周时期，安吉已进入文明时期。

春秋战国时期，诸侯争霸，安吉系吴、越、楚三国交界地区，为战略要冲，是兵家必争之地。公元前473年，越国消灭了吴国，安吉便成了越国治理的区域之一。

鄣县应该是安吉最早的名号。秦始皇统一中国后，实行郡县制，全国设三十六郡，鄣县属鄣郡，郡治就设在今安吉古城，郡县同城。据《重修浙江通志稿》记载，“鄣郡乃浙省有郡治所之始”，为全国三十六郡之一，迄今已2200余年。西汉前期，鄣郡为荆王刘贾、吴王刘濞、汝南王刘非之封地，西汉元封二年（前109年）改鄣为丹阳郡，郡治移往宛陵（安徽宣城），鄣县隶属丹阳郡。东汉末期，鄣县县境广袤辽阔，辖安吉县全境，长兴县西南一部分，安徽省广德全境和郎溪一部分。

东汉中平二年（185年），废鄣县，县治从古城移往县南境天目乡（即今孝丰镇），取“安且吉兮”之意，命名为安吉县。三国时期，安吉属吴。东吴宝鼎元年（266年），析吴、丹阳两郡，新置吴兴郡，自此，安吉县隶吴兴郡。

隋开皇九年（589年），安吉并入绥安县，后多次置而复撤。唐麟德元年（664年），恢复安吉县，隶属湖州。唐开元二十六年（738

优异的地理环境为安吉白茶的品质提供了良好的条件 方俊摄

年），县令孔志道将治所从天目乡（今孝丰镇）迁至玉磬山东南。

五代十国时，安吉属吴越国。宋靖康之变后，宋室南渡，建都临安（今杭州），安吉成为重要屏障。于元末明初，在马家渡西定基筑城（今安城），县治所迁至此。明成化二十三年（1487年），析安吉县南九乡置孝丰县，孝丰县治设在今孝丰镇。至此，历经两千余年的古老建制县一分为二。明正德元年（1506年），升安吉为州，领孝丰县。清乾隆三十九年（1774年），降安吉为县。

"川原五百里，修竹半其间"，安吉素有竹乡之誉。巍峨的天目山犹似一位顶天立地的巨人张开双臂，由西南向东北延伸，群峰起伏，峻峭连绵，形成一道天然屏障，中间为辽阔的丘陵宽谷盆地。

这样的地理环境，为安吉白茶的品质提供了良好的条件。

安吉白茶由茶树特异性状的变异而来，品种适应性强，丰产、抗寒、耐阴，品质优良。

安吉白茶是多年生常绿植物，喜温暖湿润的生长环境，要求土层深厚，土壤疏松，土壤有机质含量丰富，pH值4.5～6.5，微酸，土壤团粒结构良好，通透性好，排灌便利。漫射光照射的高海拔山地红、黄壤适宜茶树生长。自然环境直接影响安吉白茶的品质。

安吉白茶原产地范围限于浙江省安吉县现辖行政区域。区域内山地资源丰富，植被覆盖率达73%，森林覆盖率达69%，为山地丘陵红、黄壤，土层深厚，有机质含量高，土壤pH值4.5～6.5，适合茶树的生长。

气温：温度是茶树生命活动的基本条件，它影响着茶树的地理分布，也制约其生长速度。安吉县属中纬度北亚热带南缘季风区，全年气候温和，光照充足，四季分明，雨量充沛，年平均气温15.5℃，无霜期为226天，≥10℃年活动积温4932℃。安吉多山地丘陵。据

气象数据表明，2月平均气温在6℃左右，3～4月气温回升，≥10℃，茶树开始活动、生长，其间气温一直持续保持在平均12～19℃，利于安吉白茶芽叶持续生长，并保证茶芽的鲜嫩均匀。开春后，气温回升较缓，持续时间较长。每年11月到次年2月间平均气温处于0℃～5℃，利于安吉白茶体内营养物质的积累，是形成安吉白茶特有品质的条件之一。安吉白茶返白现象决定于新生叶片萌发时的温度，当气温持续高达25℃时，叶子转为绿色。20～22℃的时间持续越长，安吉白茶返白期也越长，而安吉的气温条件特别适宜安吉白茶的生长。

日照：光照是茶树进行光合作用、产生营养物质不可缺少的条件。安吉白茶原树种生长在海拔800米以上的高山竹林间，自然条件优越，形成了抗低温、耐旱、喜阴、喜爱射光怕湿的生长特性。安吉白茶生产区均分布在海拔400米以上、竹木相间的山地丘陵。那里终年云雾缭绕，有利于安吉白茶自然品质的形成，特别是氨基酸含量、氮化合物含量特别高，因而形成茶味鲜爽、高香、回甘等特质。

安吉县年日照时数为2005小时。充足的光照条件，有利于光合作用和营养物质的积累，使安吉白茶生长旺盛，特别是早春3～4月的光照条件直接影响当年安吉白茶白化情况，从而影响当年茶叶的品质。

土壤：安吉白茶对土地适应性较强，高山丘陵地区微酸性土壤或黄壤均可种植。但是要获得丰产，提高产品品质，对土壤还是有一定要求的。安吉白茶属灌木型，根系发达，要求土层厚达1米以上，不含石灰，有机质含量在4%以上、全氮0.27%、全磷0.03%，具有良好的结构、通气性、透水性，地下水位在1米以下、pH值在4.5～5.5的山地红、黄壤为上乘。据浙江省国土资源厅2001年调查表明，安吉白茶生长区均是以第四系红土、砾土层、灰岩及部分火山岩、砂岩的风化体为主，风化程度较高，土层发育较好，土壤呈红色或棕红色，黏粒含量高，次生矿物以高岭石为主，土层深厚，有机质含量较高，土壤微团体发育良好，土壤呈酸性，有丰富的有机质和微量元素。这样的土壤利于安吉白茶的生长和发育，利于产品优良品质的形成。

水分：水分是茶树的重要组成部分，树体含水量为55%～60%，芽叶含水量高达70%～80%。在茶叶采摘过程中，芽叶不断被采收，又不断地生长新梢，所以茶树需要的水分较多。而水分又是茶树生命活动的必要条件，水分不足和过多，都会影响茶树的生育。水分不足，茶叶不易生长，延迟发芽，降低发芽率，新梢抽枝小，叶片小，影响产量与质量。茶树年需降水量在1000毫米以上，相对湿度80%左右。

安吉县常年平均降水量达1509毫米，其中3～4月份平均降水量在100～200毫米，空气相对湿度85%，适宜安吉白茶生长发育之需。安吉土壤条件和排灌条件均较好，旱能灌溉，涝能排水。安吉白茶

证书
浅江省安吉县
中国白茶之乡
中国特产之乡命名暨宣传活动组委会
二000年六月
2000年安吉获“中国白茶之乡”证书

又是一种耐旱而怕湿的品种，安吉县的降水和空气湿度恰好有利于茶叶品质的形成。

综合气温、日照、土壤、水分等安吉白茶正常生长发育所需的自然条件，安吉是白茶生长的最佳环境，也正是由于安吉这块特定的水土和悠久的历史，孕育了一个不可多得的茶叶名品——安吉白茶。

[贰]安吉白茶成名的历史渊源

安吉境内峰峦叠翠，万顷竹海波涛翻滚，广袤的平川绿茵盖地，慈母般的丽山秀水哺育着勤劳勇敢的人民，文臣武将、名人辈出。

三国时期的东吴名将朱治，辅孙坚、佐孙策，劳苦功高。其子朱然北抗曹魏、西拒蜀汉，屡建战功。南朝史学家、文学家吴均，刚正不阿，《梁书》中称他的文章“文体清拔有古气，好事者或效之，谓之吴均体”，在中国文学史上占有一席之地。隋唐之间的施世瑛，追随李渊举兵反隋，屡建奇功，唐高祖赐金钟褒扬，死后立庙祭祀。朱跸为北宋政和五年（1115年）进士，在朝为官，时金兵南下，常以“主忧臣辱，思效尺寸以报国”诫已，后投笔从戎，抗金战死于沙场，宋理宗令立祠钱塘门外。南宋沈枢，绍兴十五年（1145年）进士，首论君子小人之辩，宋高宗嘉之，官至吏部侍郎，后以中大夫提举太平兴国，谥安吉州开国男。明代的吴麟、吴龙、吴维岳、吴维京皆为嘉靖年间（1522~1566年）进士，时称“父子叔侄四进士”。维岳擅长书法，精通文学，尤卓于诗，为“广东五才子”之一。明清之际，古刹灵峰寺智旭大师，广学法相、禅、律、华严、天台、净土诸宗教义，主张诸宗融合，释、道、儒三教一体，著有经论40余部，成果丰厚，与憨山、字柏、莲池并称为明代“四大高僧”，后被推尊为净土宗第九祖师。清末民初的吴昌硕，在诗、书、画、印上有“四绝”之称，被誉为领军“海派书画艺术”的宗师，为艺坛开山立宗的人物。国民党元老、著名书法家于右任为其撰写挽联：“诗书画而外复作印人，绝艺飞行全世界；元明清以来及于民国，风流占断百名家。”高度概括吴昌硕的艺术成就、地位及影响。林业学泰斗陈嵘，毕生致力于树木

分类学、造林学、林业史的教学与研究，著述颇丰。其所著的《中国树木分类学》，记载了中国树木2550种，对树种的形态、生态详加描述，并分述其产地、分布及用途，确立了其作为中国树木分类学奠基人的地位。此外，还有书画家、美术教育家诸乐三，军事家胡宗南等。

安吉民风淳朴，孝悌美德自古相传。境内广泛流传着代表儒家文化经典的“二十四孝”故事，如“郭巨奉母天赐金”“孟宗哭竹冬出笋”等。此外，唐陈丞坚，宋金安立，明吴琐、倪文相、周云，清潘美璠、章应历、杨侃等先人的事迹以及孝丰镇城关路西弄的三眼井（原名皇后义井）也均与孝文化有关。安吉可谓名副其实的慈孝之乡。

勤劳的祖先们在漫长的岁月中，凭借他们的智慧和双手，为我们留下了丰富的史迹和卓著的文化遗产。现已发掘出商、周、秦、汉、西晋、宋、元、明、清各朝代的珍贵文物，数量繁多，颇具历史、科学和艺术价值。

梅溪境内的邸阁山遗址，为三国东吴粮仓旧址。相传孙策攻刘繇尽得邸阁粮谷而取胜。由于此山濒临苕溪，水上运输方便，故唐时即设镇，乃除县治外境内最早的集镇。宋时已人烟稠密，商业兴盛。梅溪春涨是历史上的鄣南八景之一。

位于晓墅至钱坑桥原公路边的乐平亭，是安吉境内唯一现存的古亭。亭由12根方形石条为柱，内用木柱穿榫安装座椅，上用木梁连接，梁上加短柱通顶，单檐歇山顶，飞檐翘角，十分壮观。南北石柱上各有对联一副："锁钥严谨重建塔山路口，桥梁联络高出梅墅街头"；"三百六旬往来预防风雨，七十二村出入旧话昆铜"。此亭始建于南北朝宋元嘉年间（424~453年），至今已有近1500年，因年久失修，腐烂坍塌，于清光绪二十一年（1895年）重建，重建时改为石柱，以保永久，并镌联作纪。

位于安吉腹地的千年名刹灵峰寺始建于五代十国时期的后梁（907~923年），历来为高僧和文人墨客聚集之地。元代著名文学家杨维桢曾隐居于此。明清著名"四大高僧"之一的藕益大师在这里完成了巨著40余部，他被佛教奉为净土宗第九代祖师。

古灵芝塔耸立于苕溪南岸，九层砖结构实心塔，高23米，有1100余年的历史。

立于灵芝塔南侧的东岳行宫碑是为纪念建造东岳行宫而立的。碑高270厘米，宽135厘米，厚32厘米，上镌2870余字，为境内体积最大、刻字数最多的碑，立于北宋政和三年（1113年），是省级重点保护文物。

在江南，关隘要塞并不多见。但在安吉的四周，却分布着近20处关隘遗址。据旧《安吉县志》记载，最早的铁岭关始建于唐朝（618~907年），位于县境西北的边界上，"文化大革命"时被毁。其

他关隘均设立在崇山峻岭之上，它们随着时间的流逝，成为供人凭吊的历史遗迹，唯有独松关，依然耸立于境南的独松岭上，见证着安吉的变迁。独松关及关外的南宋古道被列为国家重点文物保护单位。

自立县起，安吉就有建筑城郭的历史。考古专家发掘故鄣县遗址，发现当年的城池规模宏大，布局整齐，堪称江南大邑。元末明初始建的安城，古城墙保存完好。它采用城墙—护城河—斗埂三层防护体系，是江南地区现存较完整的县级城防建筑，为研究古代县级城池建筑的历史和方法提供了重要例证。

南宋建都临安，安吉为南北的交通、通讯要道。境内设驿站5处，递铺是重点所在，当时称“急递铺”。驿站专供公文传递人员和来往官员歇宿、换马。明清续之，可谓通讯要道，其战略地位十分重要。浙北古镇孝丰，孝文化源远流长，民风淳朴，历代多孝子。据历代《安吉县志》记载，境内孝子不下千名，建庙、立坊表彰者不计其数，充分展现了中华民族的传统美德。今孝源街道的郭孝山中的晋孝子郭巨墓及墓碑依然在。

历经1800余年历史的孝丰古城内的古城墙遗留、城西的中山纪念碑、南门的旧居民街道，均保存完好。这座曾作为安吉、孝丰两个县治所的古城，如今高楼林立，车水马龙，一派兴旺发达的景象。建于清嘉庆二年（1797年）的云鸿塔，坐落在孝丰镇东的宝塔山上，塔高29.4米，仿楼阁式建筑，七层八面砖结构。塔檐飞角，外形规整华丽，具有明显的清代建筑特征，是孝丰古城的重要标志。

悠久的历史和厚重的人文遗存，加之良好的生态环境，成就了中国美丽乡村的建设。几十年来，安吉县委和政府十分注重生态环境的保护和建设。经过全县46万人民的共同努力，安吉在生态环境保护和建设方面取得了辉煌的成绩，先后被评为全国绿化造林先进县和全国水土保持先进县、全国生态农业示范县、全国生态林业示范县、国家级生态示范区建设试点县。2002年，安吉获联合国“中国人居环境范例奖”和“中国卫生城市”的荣誉，同时获得了“中国竹乡”、“书画艺术之乡”、“中国白茶之乡”、“中国转椅之乡”和“中国竹地板之都”等美誉。

悠久而深厚的茶文化，是安吉历史文化的重要组成部分。湖州是我国古老茶叶产区和茶文化的发祥地，安吉则是湖州地区产茶最多的县。这里的产茶历史悠久，源远流长。唐陆羽在《茶经·八之出》中评注：“浙西：以湖州上……生安吉、武康二县山谷……”

在常见的《茶经》版本中，“浙西”同一条目下，湖州和杭州的附注内，同时提到天目山。鉴于古称浮玉的天目山分涉杭、湖、皖三地，湖州名下的天目山无疑指的就是安吉天目山。

唐代湖州诗僧皎然不仅“三饮悟茶道”，还留下了《对陆迅饮天目山茶，因寄元居士晟》等脍炙人口的茶诗，而从皇甫曾的《送陆鸿渐山人采茶回》诗作中也可以推断，陆羽常在湖州诸山问茶，当然也包括安吉天目山。

元代掌供玉食的宣徽院下辖的常湖等处茶园都提举司就设在湖州，掌常、湖二路茶园户23000余。都提举司下辖乌程、武康、德清、长兴、安吉、归安、湖汶、宜兴等茶园提领所。湖州属县都有茶园提领所，这从一个侧面反映了湖州的茶叶生产技术。

明袁宏道《天目山记》言：“天目第七绝，头茶之香者，远胜龙井。”

清光绪《孝丰县志》载：“茶，出天目山者最佳。谷雨前数日采者为雨前茶，亦谓之芽茶，味清香远，值倍。交夏皆采，谓之茶忙。迟则叶粗而味薄，为老茶。焙茶必察其火候，故茶之

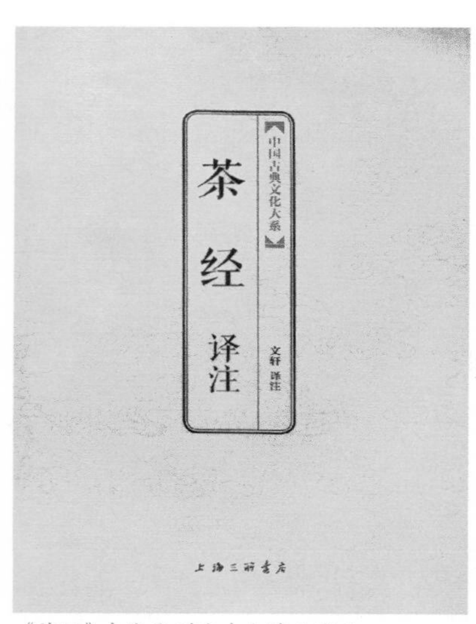

《茶经》中能找到安吉白茶的影子

湖州名下的天目山即安吉天目山

佳者，色、香、味具备。产茶之地，岁必掘数次，否则其息遂微。”

《西天目祖山志·卷八·生殖》谓：“木类茶较它山采独迟，叶不甚细，以云雾高寒俟其气足者为上，苦不多产耳。僧民资其粮以卒岁，其味厚。”

盛产竹木的安吉山区植被繁茂，雨量充沛，土地肥沃，这里的高山秀水孕育了丰富的优质绿茶，加上茶农历来注重茶叶的采制工艺，生产出了大北路、小北路、花屏、山川甜茶、梓坊毛尖等品类繁多、享有盛誉的地方名茶。南朝道士陶弘景隐居安吉隐将村数十年，因长饮梓坊茶“年逾八十而有壮容”。唐代品茶大师陆龟蒙秉性高傲，“不喜与流俗交”“以高士召不至”，也慕名前来安吉，长期隐居隐将村著书，将梓坊茶定为上等。安吉多高山，自古是产茶的地方。高山上所产的谷雨茶、细毛尖、细油青等精制绿茶成为农家待客、自饮的生活必需品。悠久的茶文化早在安吉境内形成，久而久之，饮茶成为安吉人生活不可或缺的习俗之一。

千余年以来的茶叶生产历史，世代相传的制茶工艺，经久不衰的茶业传统文化传承，孕育了一代又一代的制茶技师，形成了具有安吉特色的茶产业，从而有了安吉白茶制作技艺，带动了安吉白茶业的迅猛发展，形成了“一枝独秀，天下第一”的名牌产品。2001年，安吉白茶获得国家工商总局颁发的“中华人民共和国原产地证明商标”。今日的安吉，茶店遍布，茶市兴隆，茶园青翠，茶厂飘香，茶文

安吉白茶为国家原产地域保护产品

《梁书·陶弘景传》记载，陶弘景因饮梓坊茶“年逾八十而有壮容”

化传播蔚然成风。

历史上对白茶最早的记载是在北宋。庆历二年（1042年），湖州刘异为丁渭《北苑茶录》作补《北苑拾遗》上记述：“官园中有白茶五六株……”治平元年（1064年），宋子安在《东溪试茶录》中写道：“一曰白叶茶，民间大重，出于近岁，园焙时有之……”而福建在1064年前几年才发现白茶，也就是说，湖州地区发现白茶要比福建早了20余年。

宋大观年间（1107~1110年），宋徽宗赵佶所著的《大观茶论》中写道：“白茶自为一种，与常茶不同，其条敷阐，其叶莹薄。崖林之间偶然生出，盖非人力所可致，正焙之有者不过四五家，生者不过一二株，所造止于二三铸而已。芽英不多，尤难蒸焙。汤火一失，则已变而为常品。须制造精微，运度得宜，则表里昭澈，如玉之在璞，他无与伦也。浅焙亦有之，但品不及。”

宋徽宗像

宣和七年（1125年），熊蕃的《宣和北苑贡茶录》载：“……至徽宗大观初，今上亲制《茶论》二十篇，以白茶与常茶不同，偶然生出，非人力可致，于是白茶遂为第一。”

我国白茶的生产有千余年历史，在宋代它不仅被列为贡品，而且被视为品质最佳的精品。宋蔡襄有诗赞白茶：“北苑灵芽天下精，要须寒过入春生。故人偏爱云腴白，佳句遥传玉律清。”明陈继儒在《茶董补》中称“白茶，上所好也”，说明明代白茶尤为珍贵，受到皇帝的青睐。

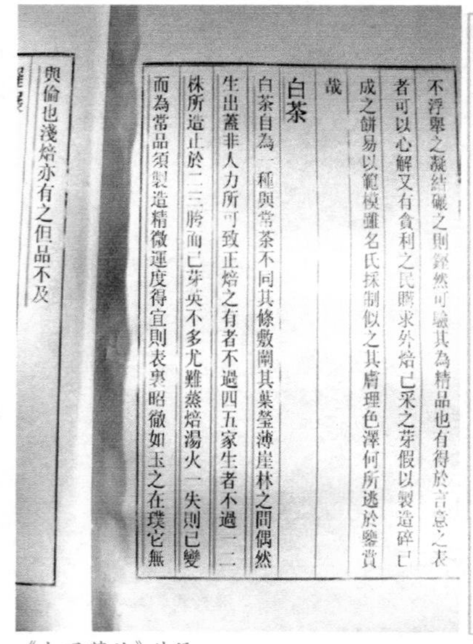
不浮粟之凝結碾之則鏗然可驗其為精品也有得於言意之表
者可以心解又有貪利之民購求外焙已采之芽假以製造碎已
成之餅易以範模雖名氏採制似之其膚理色澤何所逃於鑒賞
哉

白茶

白茶自為一種與常茶不同其條敷闡其葉瑩薄崖林之間偶然
生出蓋非人力所可致正焙之有者不過四五家生者不過一二
株所造止於二三胯而已芽英不多尤難蒸焙湯火一失則已變
而為常品須製造精微運度得宜則表裏昭徹如玉之在璞它無
與倫也淺焙亦有之但品不及

《大观茶论》片段

附录五

熊蕃《宣和北苑贡茶录》："陆羽《茶经》、裴汶《茶述》皆不第建品。说者但谓二子未尝至闽，而不知物之发也，固自有时。盖昔者，山川尚闷，灵芽未露，至于唐末，然后北苑出，为之最。时伪蜀词臣毛文锡作《茶谱》，亦第言建有紫笋，而蜡面乃产于福。五代之季，建属南唐。岁率诸县民采茶北苑，初造研膏，继造蜡面，既又制其佳者，号曰京铤。本朝开宝末，下南唐，太平兴国二年，特置龙凤模，遣使即北苑造团茶，以别庶饮，龙凤茶盖始于此。又一种茶，丛生石崖，枝叶尤茂，至道初，有诏造之，别号石乳。又一种号的乳，又一种号白乳。此四种出，而蜡面斯下矣。真宗咸平中，丁谓为福建漕，监御茶，进龙凤团，始载之于《茶录》。仁宗庆历中，蔡襄为漕，改创小龙团以进，甚见珍惜，旨令岁贡，而龙凤遂为次矣。神宗元丰间，有旨造密云龙，其品又加于小龙团之上。哲宗绍圣中，又改为瑞云翔龙。至徽宗大观初，亲制《茶论》二十篇，以白茶自为一种，与他茶不同。其条敷阐，其叶莹薄，崖林之间，偶然生出，非人力可致。正焙之有者不过四五家，家不过四五株，所造止于二三銙而已。浅焙亦有之，但品格不及。于是白茶遂为第一。既又制三色细芽，及试新銙、贡新銙。自三色细芽出，而瑞云翔龙又下矣。凡茶芽数品，最上曰小芽，如雀舌、鹰爪，以其劲直纤挺，故号芽茶。次曰拣芽，乃一芽带一叶者，

139

《宣和北苑贡茶录》片段

安吉白茶的记载最早发现于民国19年（1930年）干人俊编撰的《孝丰县志》中，1994年新编的《安吉县志》转载："民国19年，于孝丰北天目马铃岗，有野生白茶树数十本，干高枝繁。枝头所抽之嫩叶色如白玉，焙后微黄，泡而饮之，味清而香，系金光寺之庙产。"

历史上，安吉白茶时隐时现，历史文献资料和美丽的民间传说中，都有安吉白茶的倩影，翩若惊鸿。宋徽宗描写的白茶，在宋代也不多见，若制作得法，品质是其他茶叶无法比拟的。但近千年过去了，宋徽宗描写的白茶到底在哪里呢？

1979年，安吉县林业局专家在林业普查中，在海拔800余米的大溪山中发现一株性状独特、主脉呈微绿色、嫩叶纯白、如雪似玉、状如玉兰的茶树。据当时已经83岁的老农桂先生介绍，桂家自清乾隆年间（1736~1795年）由安徽迁来，此地就有大小两株白茶树，后被称为白茶祖。这说明大溪白茶祖比孝丰北天目马铃岗的白茶要早150余年。

品茶图之一

桂氏家族延绵十几代，代代子孙共同精心守护着白茶。农业合作化以前，此茶树仍属桂家所有，是家族的共同财产，一直是分家不分茶树。桂家每年从这棵茶树上采制白茶半斤左右，作为珍品招待贵客，或赠送茶商，以联络感情。此树每年开花，很少结籽。即使结几颗茶籽，种下也不见出苗。

品茶图之二

20世纪50年代初期，孝丰县政府成立后，有好事者将其中一株小的白茶移栽至县府院内，但并没种活。所以如今看到的这株是大山之中唯一的幸存者。桂先生向专家强调说：龙井御茶18棵，福建大红袍母树6棵，唯有安吉白茶仅此1棵，珍贵得不得了。县林业局发现这株茶树后，十分重视，立即拨专款设护栏进行保护，并委托专人培育管理。

1982年，安吉白茶无性繁育成功。

1996年，白茶基地发展到1000亩，虽然可供采摘的仅200亩，年产干茶不足千斤，但已形成白茶栽培的良好趋势。

1998年，安吉白茶园面积扩展至1500亩。安吉白茶这只隐匿在山林的玉凤终于涅槃重生，飞出了大山，走上了发展之路。种植技术过关，安吉白茶终于可以大面积种植，安吉白茶结束了无米下锅的时代。接下来要面对的是如何把这“米”放进市场的“大锅”里蒸煮，让它香飘万里。

安吉县委、县政府担当起了“巧妇”的角色，出台了一系列政策，开展了一系列活动，成功打造了安吉白茶这个响当当的品牌。

二、安吉白茶制作技艺

安吉白茶产于安吉县溪龙乡，是一种烘青型绿茶名茶。自古种源难得，茶树难养，以野茶为稀贵。其制作流程共分为采摘、摊放、杀青等7道工序。

二、安吉白茶制作技艺

[壹]安吉白茶的种植技艺

(一)苗木培养

1.采穗母树培育

安吉白茶母树在春茶采摘后马上修剪,剪去蓬面鸡爪枝、细弱枝,修剪深度以能长出粗壮枝梢为度。加强肥培管理,在施足氮肥的基础上增加磷、钾肥的施用量,以增强新梢的分生能力。要加强病虫害防治,保证母树新梢枝叶健壮、完整。如果预计到扦插时插枝顶端尚未形成驻芽,应在剪穗前10~15天进行打顶,人为扼制枝梢生长,促使其成熟。插穗的生产指标以红棕色为好,绿色硬枝亦佳。

2.苗圃地选择与整理

苗圃地应选择在交通方便、地势平坦、有足够水源、排水方便的农地或水田。土质要求疏松、微酸性的砂质或轻黏质土壤。曾作为烟草、麻类、蔬菜的园地不宜作苗圃。苗地应全面深翻,精细作畦,畦面宽100~200厘米,畦沟宽30~40厘米、高15~20厘米,苗地四周应开排水沟。苗圃地一般每亩施用腐熟的饼肥100~150千克,配施过磷酸钙20千克。肥料要与畦面土拌匀，然后在畦面上铺5～6厘米厚疏松的红壤或黄壤，铺匀后略微压实，以供扦插时用。

3.剪穗与针插

将从白茶母树上剪下的枝条放在阴凉潮湿处，以防失水过多。当天剪穗，当天扦插。剪取的穗长为3厘米左右，每个穗上应具有1个饱满的叶芽和1片健全的真叶。剪口必须平滑，剪口斜向与叶向一致。

扦插一般在上午10时前或下午阳光转弱时进行。先将畦面充分喷水湿润，待泥土不粘手时，按行距7～10厘米将插穗直插或斜插入土中，深度以露出叶柄为宜，边插边将土壤稍加压实。株距视叶片

茶枝扦插

宽度而定，使叶片互不遮叠为宜。每亩苗圃扦插15万枚左右。扦插后立即充分浇水。

4.搭棚遮阳

苗地搭棚遮阳，避免日光强烈照射，降低地面风速，减少水分蒸发，有利于提高扦插成活率和幼苗生长。一般采用遮阳网覆盖，棚高35～50厘米。扦插后应立即盖好遮阳棚。

扦插后应搭遮阳棚

5.苗圃管理

（1）浇水和排水。插穗在未发根前，要勤浇水，以保持土壤湿润和增加空气湿度。晴天早、晚各一次，阴天一天浇一次，雨天可不浇，大雨后应注意排水。插穗发根后，隔天或几天浇一次水，保持土壤湿润即可。

（2）遮阳棚管理。遮阳棚要及时检查维修，发根后应增加透光度。因白茶抗寒力较差，应在冬季来临前加盖薄膜以增强地温，翌年气温回升时拆除。

（3）及时除草、除花蕾。畦面上的杂草要及时用手拔除，畦沟杂草可用除草剂喷杀，但除草剂不能接触到插穗。茶苗的花蕾要及时用手摘除。

（4）适时施肥。幼苗虽能从土壤中吸收部分养分，但因初生根系少，适量追肥是必要的。施肥应掌握分期多次。当插穗根长达3～4厘米时，开始第一次施肥，以后每月一次。肥料以稀淡为宜，一般在浇水时施入。

（5）防治病虫。苗期常见的病虫有小绿叶蝉、茶蚜和叶病等，应及时喷洒杀虫剂或杀菌剂。喷药应在浇水后待叶面水干后喷洒。

（6）起苗。秋插的白茶苗一般可在翌年 10～11月起苗栽种。苗木的质量要达到《安吉白茶地方标准》二级以上：苗高20～30厘米，茎粗1. 8～30毫米，根长4～12厘米，叶片6～8张，无检疫性病虫害。

（二）移植栽培

1.选好园地

建设白茶园，应选择避风向阳、土层深厚的缓坡地段。全土层深度要求达到0.8～1米，松土层要求在0.5米左右，并要求地下水位低、透气、保肥性良好的园地。以呈酸性的山地黄壤、沙性黄壤和红黄壤为好。坡地一般以朝北方向为好。

2.深翻地、施足肥

种植白茶的土壤要求深翻0.45～0.5米，四周开好排水沟，平整好土地，然后每亩施饼肥150～200千克、硫酸钾复合肥20～25千克（茶叶专用复合肥数量加倍）作底肥，要求移栽时根系不直接碰到肥料，以免肥料伤根，影响茶苗成活。

3.种植规格

一般采取单行条栽，行距1.33米，丛距0.33米，每丛种2～3株茶苗。

4.移栽时间

一般以3月上旬或10月为宜。

5.栽种技术

茶苗移栽定植时，要按种植规格确定的行、丛距开好移植沟或定植穴，最好现开现栽，保持沟（穴）内土壤湿润。白茶苗根系分布较浅，定植时适当深栽，一般埋至根茎处为宜。栽种时，一手扶直茶

茶苗移植栽培

苗，一手将土壤填入沟（穴）中，将土覆至不露须根时，再用手轻轻提苗，使茶苗根系既能自然舒展，又与土壤紧密相接，并随即浇足定根水，且在茶行两侧铺好稻草，再在稻草上用行间土覆盖，以利于保持土壤水分和地温。同时，还要做好抗旱防冻和缺株补植，确保全苗、壮苗。

6.勤施肥、防虫害

为了提高白茶白化程度，应提倡在秋末冬初重施基肥，春茶前和夏、秋茶期间，薄施氮肥。白茶茶园的病虫防治应采用生物、农业和综合防治的方法，一般不喷农药。

7.修剪和采摘

白茶园的定型修剪与轻修剪的方法与常规茶园相同。在采摘上，幼龄期要做到多留少采，培养好丰产树冠。

[贰]安吉白茶的采摘技艺

(一)采摘

只能用春茶前期、中期的鲜叶，采时要求分批多次早采、嫩采，要勤采、净采，不漏采。要求一芽一叶或一芽二叶，一芽一叶好看，一芽二叶好喝。芽叶成朵，大小均匀，不能采碎叶，不带蒂头、老叶，不采鱼叶，留柄要短。鲜叶要提手采，轻采轻放，用竹篓盛装、竹筐贮运，防止重力挤压鲜叶，确保鲜叶质量。做到五分开：一是幼龄茶树

安吉白茶的采摘要求很高，可谓瓣瓣皆辛苦

叶与成年茶树叶要分开；二是长势不同的鲜叶要分开；三是晴天叶与雨天叶要分开；四是不同地块的鲜叶要分开，特别是阳坡茶叶与阴坡茶叶、山上的茶叶和水田的茶叶要分开；五是上午采的叶与下午采的叶要分开。因为不同的鲜叶，它们的芽叶大小、叶张厚薄、颜色深浅、茎梗粗细、水分含量都不一样。

（二）摊放

采下的鲜茶叶须在三四个小时内摊开在竹匾里，要薄摊，叶和

采摘白茶有不少讲究

摊放

叶不能相叠，天气干燥的话，可适当摊厚点。摊放到茶叶变软即可。安吉白茶只能摊一次，摊放4～12小时必须进行下一道工序的加工，否则，青叶会变红。

[叁]安吉白茶的炒制技艺

(一)主要设备

1.白茶制作的作坊设备

柴房：旧时制作茶叶的燃料主要是柴火和木炭，要保证制茶过程中的火候，柴火和木炭必须保证干燥易燃，因而要建造专门堆放柴火和木炭的房舍，旧称柴房。一般用沙石土夯成墙或石块砌成墙，上盖茅草或土瓦片。现在安吉白茶制作均在厂房中进行，工厂中设有专门堆放柴火和木炭的仓库。

摊青房：旧时的摊青房和柴房一样，用沙石土夯成墙或石块砌成墙，上盖茅草或土瓦片。房中铺晒席，将刚采摘下来的鲜叶摊放在晒席上，以达到蒸发鲜叶水分的目的。如今工厂用水泥抹面，打光，使用时清洁地面，将鲜叶摊晾在上面。

炒茶灶：用砖块或石块砌成。锅为广口铁锅，斜置，方便炒制。现今改用木架式炒茶灶，便于移动。

2.制作白茶的主要工具

竹篓：竹篾制品，大小不等，椭圆鼓肚，圆口。口上系绳，长短可调节，挂在颈上或肩上，用于采茶时装鲜茶叶。

竹匾：竹编制品，大小不等。形状有圆形、椭圆形、方形。用于摊放白茶鲜叶或摊晾炒制中的半成品。

采茶用的竹篓 江国安摄

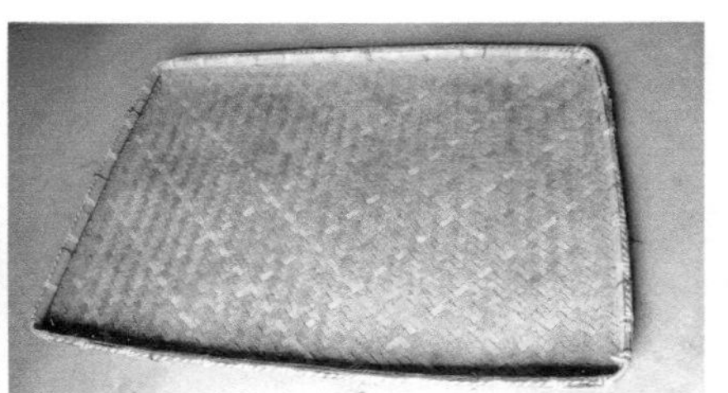
竹匾 江国安摄

缓底铁锅 江国安摄

缓底铁锅：也称广口锅。用于茶叶杀青、理条。

掸帚：用于茶叶起锅时清扫锅中剩余的茶叶。多为棕毛制品，轻巧，耐用。

簸箕：竹制品。摊放炒制中的半成品茶叶。

掸帚 江国安摄

晒席：用竹篾编织而成，大小不等，可卷可展。可用于晒稻谷，也用于摊晾鲜茶叶。

烘罩：用来烘干茶叶。毛竹编制，口圆形，身腰紧束，两端放大，中设细孔篾隔，稍向

簸箕 江国安摄

烘罩 梁小生摄

上拱。

白布单子：方形，面积比烘罩稍大，摊在烘罩隔篾之上，将炒制后的茶叶放在白布单子上烘焙。

烘炉：放置全燃木炭，放在烘罩之下，烘焙茶叶。

火盆：与烘炉一样，放置全燃木炭，放在烘罩之下，烘焙茶叶。

篾筛：俗称筛子，竹制品，圆形，扁平，底部有细孔，用于筛选制作好的茶叶。

白布袋子：一般用白布缝制，盛装经筛选后的茶叶。

石灰瓮：陶制品，茶叶收灰、干燥、保存之器具。

石灰瓮 江国安摄

（二）制作流程

安吉自古是产茶区，传统的制茶工艺延绵了几千年。长期的制茶实践，形成了独特的制作工艺。安吉白茶再次问世后，制茶技师们根据白茶的性质和品位之要求，在传统工艺的基础上，进行研究、探索、试验、改进，走出误区，寻找到了适合于白茶制作的新技艺。

1.基本概念

安吉白茶：特指在安吉区域内，以在天荒坪镇大溪村横坑坞的高山上发现的那株百年白茶树以及该白茶树所繁殖的后代所产鲜叶加工成的白茶。

2.加工技艺

安吉白茶因其叶白脉绿，叶张薄、茎梗粗，要保持其颜色鲜绿，叶张完整、条直，又要不红梗，充分展示其鲜甜味，难度极大。所以，从采摘、摊放到炒制都要求严格掌控手法、温度、湿度。其流程为杀青—理条、搓条—摊晾—初烘—焙干—整理（包括去除条形不佳和单片的茶叶）。

（1）杀青、理条

杀青、理条用缓底铁锅。温度：茶叶下锅时锅底暗红，下锅一分钟内茶叶变烫，发出炒芝麻般的响声。保持这种高温3～5分钟，再降温。温度靠增减柴火来控制。手法：按照同一方向抓抖理条，抛闷结合。用力：先轻轻地理直、理顺条形，再用力收紧茶条，然后又转用

杀青

理条

轻的手法，防止叶片破碎。炒到茶条稍硬时起锅，立即放到烘罩上烘干。

（2）初烘

烘罩下放一铁锅，锅下和四周垫着炭灰，中间是无烟炭（竹木炭）火。若用白炭的话，要先烧红，除去烟和水汽。烘罩上放纱布，茶叶放在纱布上，用高温烘，加速杀青后的茶叶干燥，以防茶香沉闷。

初烘

摊晾

（3）摊晾

烘到茶梗比较干时，倒入簸箕或匾中摊晾，以散发水汽，降低温度，使茶梗中的水分转到叶子上，节省炭火和时间。

（4）复烘

低温长烘，进一步干燥并提香，直到手捏茶梗便粉碎为止。

复烘

（5）收灰干燥

最后用专用的竹筛过筛，剔除杂质，用专用布袋盛装，然后放入石灰瓮中。每斤茶配150克石灰。

3.工艺特点

鲜叶采回后，要及时摊放，目的是蒸发一部分水分，使叶质变柔软，易于杀青、提香。安吉白茶鲜叶摊放时间以10小时为佳，摊青叶须互不重叠，每平方米面积上摊青鲜叶1公斤左右。在摊放过程中要适时翻一次，使芽叶散发水分均匀一致。

杀青时，下叶锅温度100℃，鲜叶下锅有轻微爆声，锅温掌握先高后低的原则。杀青时间为20～30分钟。特一级安吉白茶投叶量为150～200克，特二级、一级安吉白茶投叶量为200～400克。在杀青过程中，边杀青边理条，使茶成形，至茶条身骨挺直，互不粘结，色泽黄绿一致，七成至七成半干时起锅。采用抖、捞、搓等手法使茶叶逐步包绕、挺直，用力先轻后重。

摊晾就是将杀青叶薄摊在竹匾中，摊叶厚度1厘米，静置15～20分钟，待茶叶回软、水分分布均匀即进行初烘。

初烘的目的是进一步制止茶叶中酶的活性，让茶叶定型并保持叶色。初烘温度保持在80℃左右。茶叶摊放均匀，不重叠。历时10分钟左右。其间翻叶数次，到失水率为90%时起烘。

复烘则是将初烘叶经摊晾后最后进行复烘，目的是使茶叶充分干燥，固形、提香。温度掌握在50～60℃，用时15～20分钟，其间翻叶3～4次，至含水量为6%左右时下烘。静置摊晾后储藏。

[肆]安吉白茶茶艺

（一）冲泡技艺

安吉白茶的色、香、味、形俱佳。在冲泡过程中，泡菜者必须掌握一定的技巧，才能使品饮者充分领略到安吉白茶的形似凤羽、叶

茶艺能给人全方位的享受

色玉白、茎脉翠绿、鲜爽甘醇的视角和味觉的享受。

1.冲泡前的准备

（1）茶叶的选择：要选择一芽二叶初展，干茶翠绿鲜活，略带金黄色，香气清高鲜爽，外形细秀、匀整的优质安吉白茶。

（2）泡茶用水：冲泡安吉白茶宜选用境内黄浦江源头水。由于安吉白茶细嫩，叶张较薄，所以冲泡时水温不宜太高，一般掌握在80～85℃为宜。

（3）茶具：冲泡安吉白茶宜选用透明的玻璃杯或玻璃盖碗。透过玻璃杯，可以尽情地欣赏安吉白茶在水中的千姿百态、曼妙的茶舞，品其味、闻其香，更能观其叶白脉翠的独特品质。用青瓷茶具沏

各种精美的茶具

泡，则可以观赏如竹乡春天般的水色；用紫砂壶沏泡，也能充分享受茶之清醇内质。除冲泡杯具外，还需要备有玻璃冲水壶、观水瓶、竹制的本色茶盘、茶托、茶荷、茶匙、茶枝、茶巾和白色瓷质漂盘等器具。

安吉白茶茶艺·春（单杯法）

赏茶

温杯

投茶

2.冲泡过程

（1）备具：将冲泡所需的用具放在泡茶台上。

安吉白茶茶艺·夏(盖碗)

润茶

温杯

(2) 备水: 将沸水倒在玻璃壶中备用。

(3) 观水: 取黄浦江源头水, 高冲于观水瓶中, 再插入白茶鲜叶枝条, 泉水清澈, 枝条在水中漂浮, 给人以动感。

(4) 赏鲜叶: 安吉白茶鲜叶形似兰花, 叶脉翠绿, 鲜活欲滴。

(5) 温杯: 倒入少许开水于茶杯中, 双手捧杯, 转旋荡涤后将水倒入水盂。

分汤

温具

安吉白茶茶艺·冬(点茶法)

分汤

(6)投茶:用茶匙取茶叶少许置放在茶荷中,然后向每个杯中投放3克左右。

(7)浸润泡:提举冲水壶将水沿杯壁冲入杯中,水量约为杯子的四分之一,目的是浸润茶叶,使其初步展开。

奉茶

(8)运茶摇香:左手托杯底,右手扶杯,将茶杯以顺时针方向轻轻转动,使茶叶进一步吸收水分,让香气充分发

品茗

闻香

挥。摇香约半分钟。

（9）冲泡：冲泡时采用回旋注水法，可以欣赏到茶叶在杯中上下翻滚旋转。水量控制在杯子的三分之二为宜。冲泡后，静置2分钟。

（10）奉茶：用茶盘将刚沏好的茶奉送到来宾面前。

（11）品茶：品饮安吉白茶先闻香，再观汤色和杯中上下浮动的玉白、透明、形似兰花的茶叶，然后小口品饮，感受茶味鲜爽，回味甘甜，口齿留香。

（12）观叶底：安吉白茶与其他茶不同，除其滋味鲜醇、香气清雅外，叶张的透明和茎脉的翠绿是其独有的特征。观叶底可以看到冲泡后的茶叶在漂盘中的优美姿态。

（13）收具：客人品完茶离去，及时收具，并致意送别。

3.普通冲泡方法

茶艺主要适用于茶肆、宾馆等正规场所接待宾客。平常饮茶的冲泡方法当然没有那么复杂。由于安吉白茶是用绿茶的加工工艺制成，属绿茶类，宜适用下投法，即先投茶后注水。宜选用玻璃、青瓷、白瓷类茶具。泡一杯茶的茶叶用量3克左右，茶水比例为1∶30或1∶40，泡茶的水温一般以80～85℃为宜（通常将水烧开后，再冷却至80～85℃），芽叶愈嫩，冲泡的水温愈低，这样泡出的茶汤嫩绿明

生活中无处不茶艺

茶乐

亮，滋味醇爽。泡茶用水一般以山泉水为上，或用纯净水也可以。冲泡程序：先温杯，将水倒掉，投入3克安吉白茶，再倒入少量开水，以浸透茶叶为度，浸润1～2分钟，闻香，再加开水到杯子七成满即可。

（二）茶艺文化

1.茶艺备器及流程

茶乐：古琴置于琴几之上，由琴手演奏古乐曲以助茶兴。

香品

香品：香炉置于高架之上，炉中燃沉

香。室内香烟缭绕，氛围肃然。

茶服：执茶者均着古代汉服，服饰统一。

水品：多选安吉山泉水、井水，外地矿泉水基本不用。

茶器：玻璃杯、青瓷杯或紫砂壶。

茗品：安吉白茶。

过程：燃香—备器—候汤—赏茶—温具—瀹茶—闻香—茶舞—分茶—品啜—回味—审底。

品茶艺：闻香——热香、温香、冷香；茶舞——翩然起舞，舞姿曼妙；分茶——出汤，倾茶入杯，奉茶；品啜——轻抿一小口，回旋，入口，分三口品饮；回味——清润、幽敛、隽永；审底——一芽一叶（二叶），或萌展、或初展。

2.茶点配置

品安吉白茶，常会配置几样茶食，既满足了口腹之欲，又使饮茶平添了几分情趣，从而使清淡与浓香、湿润与干燥有机地结合起来。

（1）茶点的分类

坚果、水果、干果类：花生、瓜子、梅干、枣子、板栗、柿饼、山核桃、葡萄、黄花梨等。

糖果类：花生糖、芝麻糖、玉米糖、糯米糖等。

糕饼类：饼干、云片糕、核桃酥、凤梨酥、京枣等。

点心类：煎饺、粽子、包子、牛肉干、豆腐干、卤制品等。

（2）茶食器皿

俗有“好茶配佳点”的说法，喝茶时除了茶食的质量要好外，洁净、素雅、别致的盛器可以衬托茶食的精美可口。旧时，受经济条件的限制，一般人家多用木托盘或竹托盘盛装茶食，只有大户人家才有瓷器盘子分类盛茶食。随着经济条件的改善和白茶的兴起，茶食盛器已呈高雅、精致、生态之势，高档的瓷盘、精致的竹编工艺盘等成为茶食的主流盛器。

（3）茶食与节令

随着节气时令的更替，安吉人在茶食安排上也会不同。春季的茶食倾向于花色和艳丽；夏季的茶食味道趋于清淡；秋季的茶食以素雅为主；冬季的茶食呈厚重味道。

［伍］安吉白茶的储存

安吉白茶的储存方法与一般绿茶类似，储存原则是避光、密封、低温。保存和储藏方法主要分为专业及家庭两类：专业保存方法以风冷冷库储藏；家庭储存以密封食品袋包装后，存放于冰箱或者小型茶叶专用冷藏箱冷藏，冷藏温度一般在0~5℃。大部分茶农采用传统的储藏方法，用陶制小口大肚瓮储藏，即白茶烘焙干燥后，用专用的竹筛过筛，剔除杂质，再用白布缝制的专用布袋盛装，放入石灰瓮中，储藏。

[陆] 安吉白茶精品品鉴

品牌是产品质量无言的保证，消费者将品牌视为产品质量的代言。因此，创立品牌的过程是艰辛的，维护品牌的过程更是漫长的。安吉白茶在品牌创建的道路上，付出了艰辛的汗水。到2013年底，全县有注册商标447件，其中市级商标27件，省级商标9件，国家驰名商标2件。据2014年中国茶叶区域公用品牌价值评估结果公布，安吉白茶以27.76亿元的品牌价值，连续五年荣登全国茶叶品牌价值十强榜，成为浙江省除西湖龙井外，上榜次数最多、持续时间最长的茶叶品牌。

安吉白茶精品

为彰显安吉白茶精品，展示安吉白茶的魅力，在此从诸多名牌白茶中

宋茗出品

遴选几例以飨读者。

▲安吉县溪龙仙子茶叶有限公司：公司董事长宋昌美。著名商标有“溪龙仙子”。该公司乃安吉县第一个女子白茶合作社，以白茶生产为基础，运用“党支部+合作社+人才”的新模式，组织党员开展“联系一块生产基地、申领一个先锋岗位、传授一项实用技术、解决一个实际困难、帮助一户社员致富”的“五个一”工程，发展白茶产业。该公司通过技艺传承、技术培训、人才引进、专家指导，带动周围群众依靠白茶产业致富。该公司所创的白茶驰名商标“溪龙仙子”曾获第十一、十二届上海国际茶文化节新品名茶评比金奖，第六届“中茶杯”名优茶评比特等奖等奖项。茶基地面积3000余亩。2014年产白茶6万余斤，产值达3000余万元。经过几年的奋斗，该女子白茶合作社多次被评为示范专业合作社，白茶园区实践基地被评

为省市远程教育学用示范基地，合作社社长兼党支部书记宋昌美先后荣获全国“双学双比女能手”、省“三八红旗手”等称号，并当选为市人大代表、市妇女代表，被推选为中国共产党第十三届代表大会代表。

▲浙江安吉宋茗白茶有限公司：茶场法人代表许万富。注册商标“乳叶”为中国驰名商标。该公司另有“宋茗”“灵芝山”等省级著名商标。该公司有白茶基地2000余亩，签单基地4000亩，常年员工150人，生产厂房20800平方米，为国家农业部GAP验证单位。企业荣誉：2007年，荣获第二届浙江绿茶博览会金奖和第七届“中茶杯”全国名优茶评比特等奖；2008年，荣获“浙江省名品正牌农产品”称号、第七届中国科学家论坛指定用茶、“湖州市农业龙头企业”称号；2009年，“乳叶”商标荣获第八届全国名优茶评比特等奖，公司荣获浙江省工商企业信用AAA级守合同重信用单位；2010年，荣获浙江省信用管理示范企业、浙江省农业科技型企业等奖项。

▲安吉县黄浦江源茶叶合作社：合作社社长李志云。该合作社创办于2003年12月18日，是该县第一家规模较大的茶叶专业合作社。注册商标“黄浦江源”。茶厂位于黄浦江源头的浙西北天目山麓，地处北纬30°的优质茶叶产区带，属北亚热带南缘季风气候区，全年气候温和，四季分明，常年平均气温15.5℃，无霜期226天，降水量1500毫米左右。区域内山地资源丰富，生态环境优越，植被覆盖

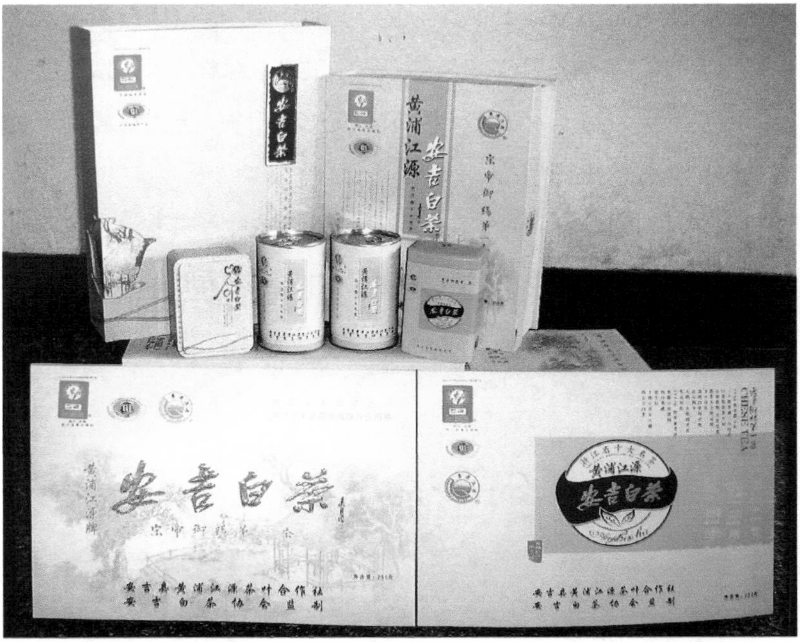

黄浦江源出品

率达73%，森林覆盖率达69%，为山地丘陵红黄壤，土层深厚，有机质含量高，土壤pH值为4.5～6.5，为白茶的生长创造了良好的基础。

“黄浦江源”牌白茶品质特异，成茶外形细紧，形如凤羽，色如玉霜、光亮油润。香气清香馥郁，滋味清爽甘醇。汤色鹅黄、清澈明亮。叶肉玉白、叶脉翠绿。茶叶含有人体所需的18种氨基酸，总含量高达10.6%，L–茶氨酸占氨基酸总量50%，为普通绿茶2倍以上。

黄浦江源茶叶合作社拥有安吉白茶生产茶园1.5万亩，年产量

100多吨，产值近亿元。2004年4月，“黄浦江源”牌安吉白茶荣获上海中国新品名茶博览会茶王赛金奖、宁波“中绿杯”绿茶博览会金奖，并被指定为第十一届上海国际茶文化节用茶、上海首届迎世博餐饮博览会餐前推荐用茶。

▲安吉千道湾白茶有限公司：茶场总经理严铁尔、陈锁、陈林。 注册商标“千道湾”为浙江省著名商标。该公司产品外形细紧，

大山坞茶场荣誉

形如凤羽，色如玉霜，光亮油润，香气馥郁，滋味鲜爽，汤色鹅黄，清澈明亮，为安吉白茶中的精品。自公司创立以来，该品牌安吉白茶在各类茶事竞赛中屡获殊荣，多次获得“中茶杯”特等奖、“中绿杯”金奖、“斗茶会”金奖等，并被入选中央电视台“春茶·中国”国礼品牌、上海世博会中国元素礼品茶。2010年，荣获第八届国际名茶金奖。该企业为浙江省农业示范性茶场。

▲大山坞茶场：茶场总经理盛勇成。该茶场拥有五项国家专利，注册商标“大山坞”，有白茶基地1300余亩。优良的生态，珍稀的品种，独特的工艺，专家的技术指导，造就了高品质的安吉白茶。该茶场产品曾连续三届夺得“中茶杯”全国名茶评比特等奖，连续两届荣获“中茶杯”金奖，蝉联六届国际名茶评比金奖，荣获“世界佳

雅思出品

茗”大奖。

▲安吉县雅思茶场：茶场董事长薛勇。该茶场有白茶基地600亩，2014年产白茶1.6千克，产值640万元。著名商标“雅思”。产品曾五次荣获国际名牌大奖，连续三届获“中茶杯”金奖，获农业部颁发的“中国良好旅游规范证书”。“雅思”白茶名扬海内外，北京、深圳、大连等城市大批茶商慕名前来选购，德国、韩国茶商也与“雅思”结下良缘，长期订购“雅思”牌白茶系列产品。

▲杨家山茶场：茶场总经理徐文华。注册商标“银叶”。该茶场所产白茶品质卓越，在国内外茶叶评比中屡屡获奖。该茶场拥有有机白茶基地1560余亩，年产白茶3.4千克，育苗基地30亩，可向茶农提供优质的白茶良种苗。企业加工设备先进，以诚信为根本，视产品质量为生命，技术队伍齐全。

▲安吉县天荒坪天池茶场：公司经理严荣火。该茶场位于安吉县天荒坪镇大溪村横坑坞，有白茶基地280亩。2014年产值200万元，注册商标“江南天池”。茶场位于海拔800余米的高山上，所产白茶形如凤羽，叶色如玉霜，汤色鹅黄，茶味甘甜，香气馥郁，营养、观赏价值极高，深受广大消费者喜爱。“江南天池”牌白茶被视为安吉白茶中的精品，曾荣获湖州市著名商标，湖州市名牌产品，第七届、第八届“中茶杯”全国名优茶评比特等奖，第九届“中茶杯”全国名优茶评比金奖，第四届安吉白茶开采节斗茶会金奖，2014中

国安吉白茶博览会最具活力品牌等荣誉。

▲皈山茶场：坐落在空气清新、风景宜人的递铺孝源街道（原皈山乡）境内。该茶场拥有固定资产500多万元，浙江省检验检疫局备案绿茶基地1080亩，安吉白茶种植面积820亩；年加工绿茶300吨、安吉白茶150吨；年总产值1100万元左右，是孝源街道的规模型企业之一。茶场的“峰禾”商标为湖州市著名商标。2012年，“峰禾白茶”被湖州市政府授予湖州市名牌农产品称号。同年，产品通过农业部GAP认证和有机茶的认证。该茶场成功开发出了白茶龙井、白茶碧螺春、白茶玉露、白茶毛峰、白茶袋泡茶等产品，并在国家、省、市评比中多次获大奖。安吉白茶及各类绿茶产品除了被全国各地的茶商、茶客大量采购外，还远销日本、韩国、非洲等地。公司已形成茶山管理—采摘制作—质量审评—包装储存—产品推销等一条龙经营模式，极大地提高了经济效益，使一方茶农迅速致富，为建设中国美丽乡村做出了一定的贡献。

三、安吉白茶与传统文化

安吉是个产茶大县，诸多茶事活动均展示了地方文化和传统习俗。民间传说、信仰祭祀以及生产、生活和各种综合性的民俗活动，都与白茶文化紧密相连。

三、安吉白茶与传统文化

安吉是个产茶大县，诸多茶事活动均展示了地方文化和传统习俗。民间传说、信仰祭祀以及生产、生活和各种综合性的民俗活动，都与白茶文化紧密相连。了解这些传统文化，可以进一步加深对安吉白茶和茶文化的理解。

[壹]安吉白茶的传说

民间传说与安吉白茶的再生，有着千丝万缕的联系。900多年来，安吉白茶曾经只闻其名，却不见其物，其间众说纷纭，传说由此而生。

白茶祖的传说

在安吉大溪横坑坞（现名“白茶谷”）海拔约800米的桂家场，流传着安吉白茶由来的故事。

据传，清代康乾年间，徽州有一个先祖源自中原的赵姓望族，由于族人在朝中为官者突生变故，在累及家族，满门抄斩之际，仅一人因在外做客而幸免于难，其闻讯匆忙遁走他乡。他在前往皖浙的途中，遭遇官府差役质问姓氏，不敢实言，无意中看见身旁有棵桂树，玉蕊飘香，遂灵机一动，答曰“姓桂”，才侥幸逃过一劫。

之后，这位改赵姓桂者流落至安吉大溪地界，为避免不测，隐居于横坑坞深山。这个地方属于天目山脉，峰峦叠嶂，人烟稀少。在接近山梁的深坞上，有一处地势较为平坦的山坡，前面有一条山溪横贯东西，在山岙里汇成一泓清潭，南面则是连绵群峰。这位避难者便在这里结茅筑庐，开垦山地，扎下根来。

次年，一个春天的夜晚，这位来自徽州的避难者忽得一梦：一位须发皆白的清癯仙翁将其领至西面山坡，随手一指，山地上破土而出一双奇葩，须臾，长成两株白色的仙树。正惊异间，仙翁已悄然隐去。

第二天清晨，在屋后的山坡上，他发现山上有不少野茶树，而且都萌发了新芽。但该野茶树与徽州老家茶树不同的是，其中有两株茶树的芽叶竟然是玉白色的。随着时间的推移，远远望去，这两丛茶树锦团簇拥，灿若太白金星。好奇之余，他便精心呵护起来。后来，他将这些茶叶采摘下来进行焙制，取来山前的泉水沏泡，一喝，滋味竟是清冽无比。更为奇妙的是，这些芽叶在碗中展开后，叶片越发显得秀美，仿若璞玉和春雪。从此，这一大一小两棵如情侣般的茶树就成了桂家的至爱。

春去秋来，当年落难到此的异乡人与附近的山民成了家，生儿育女，过着平淡如茶的山里生活。斗转星移，桂家与茶为伴，繁衍生息，至今已有十数代。这个地方，后来就叫桂家场，而那两株奇异的茶树就叫大溪白茶。

桂家以茶为主要营生，自祖辈开始，就立下了“分家不分茶”的族规。因为这两丛白茶的产量很有限，桂家每年将采制的白茶视为珍品，仅用来招待贵客。他们也曾尝试过将这两株茶树繁育，可奇怪的是，白茶虽开花但很少结籽，即便有结籽，播种长大后，叶子却是绿色的，失去了白化性状，与寻常茶树一般无二。久而久之，白茶树又多了一个别名叫石女茶，意思是无法传宗接代的茶。

白茶谷内千年的白茶祖

说起石女茶，其实在明代就有人提及了。其时，曹洞宗的元来（即博山无异，安徽舒城人）就有“懒烹石女茶”之说，而安吉灵峰寺的蕅益还与元来颇有法缘。

到了近代，有人将其中一株小的白茶移植出谷，可惜夭折了。从此，大溪桂家场只剩下一株白茶树，孤寂地藏身于幽邃的山坞。

1958年，安吉县文化馆有人拍摄了白茶树的照片，著名茶学家、浙江农业大学茶学系的庄晚芳教授还在《人民日报》上发表过相关文章，引起了斯里兰卡育种专家的兴趣。自20世纪80年代初始，历经多个春秋，它才发展成今日香溢天下的安吉白茶。

据桂全宝老人口述整理

白娘子与白茶谷的故事

《白蛇传》是一个家喻户晓、老幼皆知的民间故事。白娘子不惧艰险、舍命救夫的情节，不知感动过多少天下有情人。殊不知白娘子当年上昆仑山偷灵芝仙草时，也顺手盗来一枚解惑定神的仙果，用以坚定许仙对自己的爱情。可惜的是这枚仙果在慌乱中遗落在大溪村横坑坞的峡谷中，于是，人间又多了一个脍炙人口的故事。

话说白娘子当年在杭州西湖春游，断桥巧遇许仙，两人一见钟情，结为夫妻，却受到法海百般阻挠与破坏。法海施计让白娘子显出了原形，变回了白蛇，吓得许仙昏倒在地，不知人事。

正在这时，白娘子的义妹小青外出回来，只见许仙昏死在床前，白娘子还沉睡在床上没醒呢。小青急忙推醒白娘子："姐姐，姐姐，快起来看看呀，这是怎么搞的啦？"

白娘子醒来见丈夫死了，就大哭起来，说道："都怪我不小心现了原形，把官人吓死了！"

小青见姐姐哭得死去活来，心中十分难过，再看看地板上躺着的许仙，再不抢救就真的死啦！她对白娘子说道："姐姐，你不要只管哭嘛，快想办法救活他呀！"

白娘子忍住痛哭，她摸摸丈夫的心口，还有一丝热气，想了想便对小青说："看来凡间的药草是救不活他了。你帮我守护一下，我到昆仑山盗取仙草灵芝，救夫君之命。"

说罢，白娘子双脚一蹬，架起白云，飘出窗外，向昆仑山飞去。

昆仑山是座仙山，漫山都是仙树、仙草、仙花、仙果。在一座陡崖之上，有几株红中透紫、闪闪发光的蘑菇状的小草，散发出阵阵芳香。这就是能起死回生的灵芝仙草。白娘子急急忙忙地攀上悬崖，轻轻地掰下一株，衔在嘴里，准备驾云起飞。忽然发现不远处有一丛枝繁叶茂的仙茶，飘过来的清香，让人神清气爽。茶树的枝叶间挂着几个褐色的果子，白娘子认定这就是解惑定神的仙果。她心想："官人受了法海的迷惑，又见我显出原形，难免神志不定，情绪不稳，何不采一个仙果给官人解惑定神呢。"于是，她偷偷地摘了一个放进了袖管中，驾云返回。

正在这时，忽听半空中传来一声“哪里走”的大喝。白娘子抬头一看，原来是给南极仙翁看守灵芝仙草的白鹤童子，白娘子还来不及向他说明缘由，白鹤童子就显出原形，展开一对大翅膀，伸出长喙，朝白娘子扑来。就在白鹤刚要啄白娘子的时候，忽然从后面伸出一根弯头拐杖，把白鹤的长颈钩住了。白娘子转过头来一看，见眼前站着一个胡须雪白的老人，原来是南极仙翁。于是她跪在地上哭着向南极仙翁央求道：“老仙翁，求求您赐给我一株灵芝仙草，救救我的夫君吧！”

南极仙翁放开白鹤，捋了捋白花花的胡须，点点头答应了。

白娘子谢过南极仙翁，衔着灵芝仙草，急忙驾起云头，飞回家去。她把灵芝仙草熬成药汁，用勺子将药汤慢慢地喂进许仙的嘴里。许仙慢慢地苏醒过来。

许仙醒来后，一眼看见坐在自己身边的白娘子，立刻想起她显出原形的样子，心里既难过，又害怕，便一转身跑下楼去，躲进账房不敢出来了。

白娘子知道官人的心结一下子是无法解开的，于是，就想到在昆仑山顺手盗来的仙果。谁知她在袖中摸索了半天，却没有摸出来，搜遍了全身，还是不见仙果的踪影，只好作罢。

那么，这枚仙果到底到哪里去了呢？原来，当白娘子飞到东天目山顶时，伸出左手遮住前额，想看看离杭城还有多远时，不小心将这颗仙果滑出了袖口，掉进东天目的一个大峡谷中去了。

后来，法海用金钵将白娘子擒获，压在雷峰塔下。因此，再也无人去寻找那颗宝贝仙果了。

却说那颗仙果掉进峡谷后，可谓是来到人间仙境，就在那里发芽、生根，长成了跟昆仑山的那丛仙茶一模一样的茶丛。一到初春，茶丛顶部抽出粉白色的嫩芽，晶莹剔透，清香扑鼻。毕竟是神物，生存了不知有多少年代，仍然一派生气勃勃的景象，但无花无果，也不繁衍后代。

乾坤旋转，日月如梭，镇压着白娘子的雷峰塔终于轰然倒塌，饱受监禁之苦的白娘子终于解脱了。她一出牢笼，没有去寻找许仙的坟墓，也没有去查寻许氏的后代，第一件事就是去寻找当年失落的仙果。她沿着当年飞越的路径，自东向西前进，边走边观赏高山、峡谷、竹海、茂林所组成的美丽风景，回忆着她与许仙那段绵缠的爱情。过去的爱情让她心酸；美丽的景色却让她兴奋。当她飞到大溪横坑坞上空时，突然眼前一亮，一株与昆仑山上一样的仙茶跃入她的眼帘。她来到茶丛前仔细观察：那形状、那颜色、那香味，没有一处不像。见这里山清水秀、云雾缭绕、壑深岫幽、环境优雅，她当即决定留下来，在此继续修炼，用真情来呵护这株仙界带来的宝贝。

后人为了纪念白娘子的功德，将这丛宛如白娘子幻化而成的茶从称为白茶王，把横坑坞这个峡谷叫作白茶谷。

董仲国整理

白茶王的来源

传说，茶圣陆羽在写完《茶经》后，心中一直有一种说不出的感觉，虽已尝遍世上所有名茶，但总觉得还应该有更好的茶。于是他带了一个茶童携着茶具，四处游山玩水，寻仙访道，想找到茶中极品。

一日，他来到湖州府辖区的一座山上，只见山顶的一片平地上长满了他从未见过的茶树，一眼望不到边，这种茶树的叶子跟普通茶树一样，唯独要采摘的叶芽尖是白色的，晶莹如玉，非常好看。陆羽惊喜不已，立刻命茶童采摘炒制，就地取溪水烧开泡一杯。只见茶水清澈透明，清香扑鼻，令人神清气爽。陆羽品了一口，仰天道："妙啊！我终于找到你了，我终于找到你了，此生不虚也！"话音未落，只见陆羽整个人已轻飘飘地向天上飞去，他竟然因茶得道，羽化成仙了……

陆羽成仙后，来到天庭。玉帝知陆羽是人间茶圣，那时天上只有玉液琼浆，不知茶为何物，故命陆羽让众仙尝尝茶。陆羽拿出白茶献上。众仙一尝，齐声说道："妙哉！妙哉！"玉帝大喜道："妙哉！此乃仙品，不可留与人间。"遂命陆羽带天兵五百，将此白茶移至天庭，陆羽不忍极品从此断绝人间，偷偷地留下一粒白茶籽种在原地，发芽成株，成为人间唯一的白茶王。直到20世纪70年代末，此茶树才被人们发现，真是人间有幸啊！

刘鸿整理

宋徽宗梦中选贡茶

宋徽宗赵佶酷爱饮茶，一生在茶道研究上花了很多工夫，还潜心撰写了专著《大观茶论》，他是一位“不爱江山爱茶道”的主子。凡民间出现有名的茶叶，都要上贡。

传说在一个春光明媚的三月天，他召集宫中所有的妃嫔，来到御花园踏青、品茶，玩得差点忘记自己是皇帝。一天玩下来，他有点累了，用过晚膳后，倒头便睡。刚入梦乡，便见天上的太白金星驾着祥云，来到宫殿之上。行过道礼后，徽宗让他坐下，开口问道：“金星光临，有何见教？”

太白金星立即起身，双手抱拳，说：“老朽近日游访江南，发现天目山北坡上生长着一种奇异的茶种，其芽形如凤羽，脉络苍翠，叶白，色如玉霜，香气馥郁，人间称之为‘白茶’，是我从未见过的奇茶。不知陛下见过否？”

徽宗一听，十分惊喜，立即起身拉住太白金星的长袖，说：“金星前来告知，朕多谢了。既将此事告诉朕，惹得朕心里痒痒的，您老好事做到底，何不现在就带朕去一睹为快呢？”说着，他便拼命地摇动着太白金星的臂膀。太白金星见他如此无赖，只好答应了。

太白金星带着徽宗皇帝来到天目山中部北坡一个风景秀丽的山谷中。只见一堵岩壁之下的平地上生长着几株苍老但枝叶茂盛的茶丛，几位中年妇女正围在茶树四周采摘叶芽如针、色如白雪的嫩茶。

不一会儿，她们提着茶篮，急匆匆地赶回家，将茶叶倒在竹制的匾中摊开。过了一会儿，她们将一口专用的土灶烧着，不时地用手在锅中试探，好像是在测试温度，然后把匾中所晾的茶叶倒入锅中，两手同时在滚烫的锅中翻炒，待青叶全部蔫瘪后，立即取出，放在一个专用的匾中。接着双手捧起炒过的茶叶，顺一个方向搓揉，搓揉到茶叶有一定湿度后，再倒在匾中摊晾，然后用竹畚斗将晾凉的茶叶均匀地摊放在竹制的烘罩上，再将烘罩置于全燃无烟的白炭火盆之上，慢慢地烘烤。待茶叶大半干时再取出摊晾冷却。最后用白纱布做的袋子盛装起来，置于放有石灰的陶缸中保存。

赵佶看得傻了眼，在这大山之中，还有如此高明的制茶能手，使他佩服不已。他忘了自己是被神仙用法术隐形着的，一激动便走进茅屋仔细地询问起制茶的程序、茶艺、各道工序的名称等，还亲自参与炒制。当他将白嫩的双手伸进滚烫的锅中时，火热的温度烫得他大叫一声，惊醒了他的美梦。

第二天早朝，他不等大臣们奏本议事，首先下旨给专管贡茶的官员，命令他赶快起身，赶往他梦中之所，将那里所产的茶叶收集起来，供他品赏。那官员哪敢怠慢，骑上快马，日夜奔驰，不日来到安吉县，向县令宣读了圣旨。在县令的陪同下，他终于找到了赵佶梦到的地方，而且那里果真有白茶。他们把当地茶农已制作好的白茶全部收集起来，快马加鞭赶回京城。

徽宗如愿以偿，急不可待地叫侍从泡茶。揭开茶杯，直觉芳香扑鼻，品尝一口，更是沁人肺腑。徽宗大喜过望，提起御笔写下"宋茗御茶，天下第一"，并定为贡品。此后，白茶每年必须作为贡品上贡朝廷，有名的宋茗御茶一时名扬天下。

后来，他对天目山所产的白茶制作工艺进行了系统的研究，在《大观茶论》中写到了白茶。

光阴似箭，日月如梭，随着时间的流逝，贵如珍宝的白茶也一度消失。转眼900年过去了，宋徽宗梦中的白茶，终于在天目山境内重新被发现，并以迅雷不及掩耳之势飞速发展，如果真有灵，沉睡在地下的赵佶，也会笑醒吧？

董仲国整理

[贰]安吉茶文化与茶俗

（一）茶诗·茶谣

1.茶诗

题常乐寺

宋·姚孝孙

烟岫晨寒重，风帘暮爽轻。

短墙笼竹色，虚户纳松声。

弄笔花笺满，烹茶石鼎盈。

谁知松桧月，独卧夜禅清。

灵峰偶咏

宋·沈枢

筑室最高处，轩窗八面通。

凿山流乳液，开户纳薰风。

巾屦随凉设，茶瓜与客同。

我来资解愠，不羡楚王雄。

大长公府群花屏诗·白茶

元·朱德润

秋高银河泻，碧宇净如洗。

飞仙自天来，幻作白茶蕊。

清香不自媚，迥出山谷底。

盈盈双玉环，婉立庭户里。

风霜非故林，雨露结新意。

采茶词

明·陈敬则

灵草丛高不盈尺，绿遍空山露华湿。

清明才过谷雨来，摘取旗枪趁晴日。

谁家女儿双髻螺，两两携筐相应歌。

前冈后崦跻攀倦，犹言赌摘较谁多。

幽香满路归来晚，焙上茸茸碧云暖。

哪知陆羽是茶神，先献灶君三五碗。

采茶采罢春思妍，茅屋花深还晏眠。

绝胜湖中采菱女，日暮扁舟荡风雨。

田园十怀·买茶

明·吴维岳

入口香清谷雨芽，山农易栗售新茶。

源泉绕屋中泠色，按谱堪为五出花。

秋野三首·之三

吴应奎

掩泪秋原上，山山落日中。

茶花盈野白，枫叶受霜红。

郎村畲家采茶女 黄卫琴摄

未有安亲计，全虚望岁官。

卖文能活否？羞涩看囊空。

题灵峰寺

明·曹忱

名山都属巨灵开，翠竹苍松般若台。

五岭皈依咸北峙，千峰簇拥自南来。

谈经盘上留茶话，趺坐亭边点石苔。

终夜泉声皆棒喝，行持更有晓钟催。

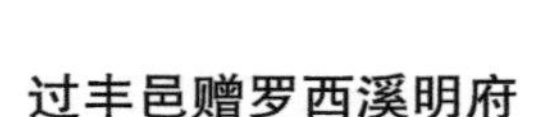

过丰邑赠罗西溪明府

明·吕潜

为政青山里，还如学道人。

云霞容傲岸，橡栗称清贫。

花落千村暮，茶香三月春。

有时闲说易，童叟识天真。

雪里过丁开老署中烹茶

清·曹封祖

偶过高斋话绮筵，良辰把酒莫徒然。

雪深曲径梅魂瘦，春近疏窗鸟语联。

扫尽寒阶成白玉，烹来云灶澹青烟。

茶香远度松声里，相对清歌醉暮天。

游东禅寺次严商耆韵

清·李青岩

路入东禅寺，天然乐事稠。

风和忘首夏，林静欲先秋。

翠壁凭僧舍，青篁覆茗瓯。

往回情未尽，拟日赋重游。

过程坟寺

清·刘蓟植

簿书丛里碍登临，暂掣余闲访道林。

鸟啄花梢翻素羽，钟鸣竹外度清音。

高岩得笋和烟煮，细火煎茶带月斟。

话尽老僧长揖别，过溪回首白云深。

游东禅寺

清·姜天麟

偶寻芳草到东禅，山径曾过忆昔年。

修竹半藏红寺影，幽龛独伴白云眠。

一湾镜水前川月，九叠屏山隔岸天。

便拟结茅来久住，鬓丝风里飏茶烟。

首夏，同陶艺之、宋士衡、李江峰，由常乐寺出西郊，游李卫公祠、上方寺

清·严彭年

池畔蛙声寂，城根药品稠。

秧针沙映绿，麦浪雨成秋。

古榭停芒屦，丛祠荐茗瓯。

吟朋喜联袂，还作上方游。

憩亭晚眺

清·李志鲁

南渡云千岫，深溪水一篙。

斜晖穿竹影，暮霭泛松涛。

坐啸怀常旷，行歌兴亦豪。

从容啜佳茗，偷息片时劳。

原乡杂咏

俞楚石

茶展旗枪草色熏，采茶娘子日纷纭。

山村忙煞清明后，茶灶家家焙绿云。

村居

诸乐三

寂寂门无长者车，幽居吾自爱吾庐。

轻烟出户晨烹茗，明月窥窗夜读书。

雨后风光看袯襫，日夕歌唱起樵渔。

胸无芥蒂随绿过，不问人间有毁誉。

题竹乡图

张振维

湖州安吉是吾乡，天目山高苕水长。

种竹千竿桑万树，家家云外野茶香。

白茶谷二首

梦箫

夜

幽谷渐昏茶正馨，喧竹鸣涧涤空灵。

夜栖不为刘郎梦，学辨牵牛织女星。

晨

叶含朝露翠染山，趺坐晨蜂亦问禅。

茶祖树前合手祷，仙缘不求求茶缘。

雪梅香·安吉白茶祖

李茂荣

神仙境，鸟鸣幽谷杜鹃红。

清溪琴弦弄，山冈翠竹烟笼。

满目春光醉人眼，一蓬银羽御临风。

白茶祖，玉凤归巢，雪护珍丛。

情钟“叶莹薄”，表里昭澄，宋帝推崇。

鲜爽甘醇，崖林竟现仙踪。

安定吉祥献奇瑞，神州一绝誉寰中。

君常啜，益寿延年，不老苍松。

白茶

王惊涛

白茶生在白云间，茶里奇葩千载传。

有幸今朝饮神茗，真能益寿与延年。

白茶王

沙金

安吉名茶心洁白，清风扑鼻嫩黄芽。

丛丛嘉木坐高岭，处处幽岩更著花。

万亩青山成宝库，千年瑞草得精华。

如教陆羽凭公论，此是中华第一茶。

2.茶谣

走进茶山歌不断

走进茶山歌不断，好像江边黑石头：

撞了多少大风浪，碰了多少大船头，

会了多少好朋友。

采茶歌

谷雨采茶茶发芽，深溪石岭山难爬。

郎采多来奴采少，再凑半斤就回家。

端午采茶茶叶青，茶树底下结手巾。

买块千张包银子，讨个仙女配成亲。

立秋采茶茶叶旺，茶花开得满山香。

小郎乘凉脱衣衫，奴家开怀喂儿乳。

唱起山歌多快活

采茶姑娘不唱歌，闷在心里不好过。

做茶小伙不唱歌，留着精神做什么？

喝茶老头不唱歌，对着茶杯瞎着摸。

采茶来把山歌唱，唱唱山歌多快活。

走进茶房唱个歌

走进茶房唱个歌，先把根由来说破。

山歌不离郎和姐，无郎无姐不成歌。

唱得不好莫骂我。

会采茶来歌赶歌

会采茶来歌赶歌，会织绫罗梭赶梭，

会习武艺拿弓箭，会做文章把笔托。

人人有嘴又有手，文武双全怕谁个？

妹等小郎采头茶

桐子树上开白花，采茶哥哥要回家。

到了来年春三月，妹等小郎采头茶。

我说茶来正是茶

我说茶来正是茶，茶到清明正发芽。

释迦云头放茶籽，观音老母揉茶芽。

吕洞宾来把香茶卖，何仙姑泡茶坐莲花。

鲁班师父最灵通，做起木盘托香茶。

铜丝打箍环腰过，外面加漆内油刷。

一画国舅开茶馆，再画玄女泡白茶。

山茶好吃树难栽

（女）山茶好吃树难栽，问声哥从哪里来？

若是富人快闭嘴，若是穷人把口开。

（男）要问哥从哪里来？打个哑谜给你猜，
白日青山当房舍，夜里蓝天作被盖。
（女）莫做深山砍柴人，要做打猎好后生。
财主豪绅齐杀尽，叫他棺材做不赢。

（二）茶事·茶俗

1.茶信仰·茶活动

神农：远古圣贤。相传神农尝百草中毒，试吃茶叶剧毒得解，从而发现茶叶的作用，教百姓食用茶。自此茶成为人们开门七件事（柴、米、油、盐、酱、醋、茶）之一。

采茶舞

陆羽：中国民间茶业界尊他为祖师。陆羽是唐中期学者，一生坎坷。他聪颖好学，文学修养极高，性情高洁，不恋功名。唐上元初（760年）辞官不做，隐居苕溪，闭门著书。他嗜茶如命，遍尝名茶名水，撰写了中国第一部研究茶俗的专著《茶经》。他对中国茶文化的贡献巨大，被民间奉为茶圣和茶神。

白茶仙子：以传说中的《许仙与白娘子》中的白娘子为原形，通过戏剧、民间传说的演绎，被茶农视为白茶之祖，奉为白茶的保护神。

赵佶：即宋徽宗。他专注茶道，著有《大观茶论》。书中对白茶有精辟的论说，被安吉茶农奉为茶神。

陶弘景：南朝齐梁时道教思想家、医学家。他曾隐居安吉梅溪镇钱坑桥村隐将坞。他对茶道颇有研究，长期饮用梓坊茶，年九十而红光满面，被安吉人尊为茶圣。

陆龟蒙：唐代文学家，晚年曾隐居安吉梅溪镇钱坑桥村隐将坞。他对茶道颇有研究，曾评判各类名茶的品第，著书以记，为一代著名的品茶大师，被安吉人尊为茶神。

土地爷：茶树栽种在土地之上，土地又是土地爷掌管的，要取得茶叶丰收，必须仰仗当地土地神的庇佑。故土地爷也是茶农敬奉的对象。茶农常在茶园边建小庙供奉，每逢年节举行祭祀。

开山节：旧时，凡到茶叶开采时节，茶农均要举行隆重的开山

开山节

仪式。一般在茶山下摆张桌子，上供三牲、酒菜茶水，秉烛焚香，顶礼膜拜，虔诚地祭祀境内的茶界神灵，然后方可上山采茶。

白茶再兴后，由于白茶造福一方，茶农对白茶祖的祭祀格外隆重。为了感谢白茶祖对安吉一方百姓的养育之恩，虔诚的安吉百姓从四面八方汇集到祭祀会场，参加一年一度的开山仪式。

庄严的祭祀大典正式开始，祭祀司仪庄重地走入红毯之中，身着黄色绸缎的锣手、鼓手、号手跟随其后。主祭者在两名陪祭者的伴随下，迈着庄重的步伐走进主祭场。此时，众人屏声、凝神肃立。

礼仪司宣布祭祀仪式开始，二十五响礼炮齐鸣，四方彩烟缭绕，击鼓九通、鸣金九响之后，古乐声响起，三名旗手执着祭旗、祈福旗与白茶祖的牌位，缓缓入场，主祭、陪祭者肃立抱拳，恭请茶祖。随后，白茶仙女列队将三牲五谷、新鲜茶叶、时鲜供品一一敬献于供台之上。伴着悠扬的古乐声，主祭三跪九叩，向白茶祖敬上高香，斟上美酒。而后由主祭者诵读祭文，代表着后人们对白茶祖的感恩。读毕祭文，全体人员列队行礼，对白茶祖的敬仰一一包含于其间。茶农代表上台，主祭将祈福旗交予其手，便完成了对白茶文化的传承与延续。

一年一度的安吉白茶开采节

祭文如下：

春来茶茂，天人同庆。安吉境内四十余万百姓，谨以俎豆醴酒、鲜花雅乐，敬献茶祖，致祭茶神，申达悃诚。

环宇茫茫，璀璨华夏。今逢盛世，百业兴旺。
天目北麓，源流浦江。山披翠绿，水蕴精华。
古鄣名郡，文脉悠长。安且吉兮，乃吉乃昌。
民风厚淳，和谐兴旺。物产丰饶，衢通八方。
白叶名茶，横坑坞上。上古遗存，寰宇飘香。
形如凤羽、色如玉霜。宋为贡茗，皇家品尝。
古茶今茶，遍布山冈。茶艺茶道，远近名扬。
行销五洲，流遍四洋。驰名中外，无上荣光。
千年茶祖，功德无量。孕此嘉木，造福地方。
更有茶神，佑我安康。春风化雨，丰年有望。
醇酒滔滔，敬献上苍。大礼告成，伏食尚飨！

开采节：为新时代的茶文化活动。一年一度的安吉白茶开采节，既有传统的祭祀程序，又有丰富多彩的文化生活，将茶乡的风俗与文化融合到极致。节庆期间，以乡镇或村为单位，开展与茶有关的采茶比赛、对歌比赛、歌舞比赛、斗茶表演以及学术研讨等活动。这不仅是茶界的盛会，更是茶农们的欢乐节日。种茶之乐、采茶之乐、丰收之乐、饮茶之乐融合在一起，全面展示民间习俗与茶文化的魅力。

舞龙是安吉白茶开采节上的重头戏

2.茶俗·茶馆

在安吉古人的生活习俗中，有不少和茶相关的风俗。清乾隆十四年（1749年）《安吉州志·卷七·风俗》载："正月 ，元旦……家设茶果、蒸糕以待客至，茶毕，即留饮酒，俗云：拜年三钟。虽历数家，必一即席始退。"

清同治十三年（1874年）《安吉县志·卷七·风俗》载："立夏，是日饮烧酒，家皆祀灶。里社屠牲祀土地之神，谓之'烧夏福'。田家采嫩蚕豆煮食，山村采茶叶甚忙。谚云：'立夏三日茶生骨。'（祭礼）

家祭土地、家堂、灶司、太君、门神、五圣等神……太君，俗称‘娘娘’，祭用茶果、糕圆，谓之‘烧茶’。”

安吉农家有自己的待客奉茶之道。农家用茶十分粗放，抓一把茶叶放入茶壶中，倒入开水，加上盖子，置于桌上，口渴时自倒自饮。来客时却不是如此随便，招呼客人坐下后，主人立即取一个杯子，放进茶叶，倒上开水，双手递给客人，请客人用茶。安吉人旧有“浅茶满酒”的习俗，即招待客人时斟酒要斟满，倒茶要倒浅，不然就会得罪客人。据传旧时家中来了客人，主人若在泡茶时水倒得太满，即表示不欢迎来人。客人也会十分知趣，放下茶杯立即告辞。直

包装雅致的安吉白茶

到如今，农村仍有此习俗。

安吉人一向很讲究茶具，用以泡茶、饮茶、盛茶的器具可分为茶盏、茶杯、茶碗、茶壶、茶缸等。制作材料以瓷、陶为主，古代还有金、铜、锡、玉、竹木、漆器等。新中国成立前安吉境内还有土制的瓦壶。茶盏盛行于宋代，一只带盖的精致小碗，置于一只小碟子上，上称“盏”，下称“盏托”，盏中放入茶叶，冲上开水，盖上盖。片刻，揭开盖，用盖沿刮一下浮在盏中的茶叶，再品尝。此茶具后来形成茶道。茶壶有大有小，小茶壶泡好茶后直接用来喝茶；大茶壶则专门用来泡茶，再将泡好的茶汤倒在茶碗中饮用。旧时，瓷器茶具以江西景德镇产的最有名；陶器茶具以江苏宜兴紫砂茶具最有名。

茶艺交流

“递一滴水”的茶品中，少不了水的元素

“递一滴水”茶艺馆

安吉的茶馆素来就多。旧时安吉境内，不论是城镇，还是乡村，都有各种规格的茶馆。这些茶馆最早是供赶集或行路的农民落脚休息，喝杯茶、吃些早点的地方。久而久之，上茶馆成为男人们的专利，逐步形成了坐茶馆喝茶的风俗。有些老年人几乎上了瘾，一天要上两次茶馆，早上一次，晚上一次，几个老人坐在一起谈天说地，不亦乐乎。所以形成了吃早茶、喝晚茶的习俗。茶馆发展到鼎盛时期，规模扩大，设备俱全，不仅设有大堂，还设有雅座。大堂专供一般客人喝茶闲坐，许多民间纠纷都在这里进行调解；而雅座是专门供那些做生意的人们谈生意的场所。茶馆除了供应茶水外，还供应香

“递一滴水”时常举行各种茶事活动

烟、瓜子、糖果等零食。茶馆还请来说大书的人，让客人边喝茶，边听书。民间还认为不上茶馆的男人是上不了场面的人。

“递一滴水”茶艺馆位于县城生态广场东侧，为研究白茶、绿茶等茶事，招待四方茶业研究人员，开展茶事研讨的聚集地。“递一滴水”是素净、古朴、典雅的，更是婉约、雍容和高贵的，是文人、茶客、儒商、艺术家们的聚会处。其中功能划分明显，大气、包容、人性化的设计，和谐与对比并存，富有强烈视觉冲击力的色彩，不经意间演绎出传统元素的装潢，隐逸、静谧的中庭小天地，简朴大方并蕴涵着雕刻工艺的老家具，镌刻着安吉历代名人字画的碑廊，“方非一式，圆不一相”旧藏的紫砂茗壶，款款墨香袭人的书吧，瑰丽多姿的少数民族服饰，以及身着华服举止优雅的茶艺服务生，无不在平淡的点滴中透露出馆主的蕙质兰心。

对于“递一滴水”的由来，馆主钱群英是这样诠释的：“水为茶之母，茶性必发于水，八分之茶，遇十分之水，茶亦十分矣；八分之水，试十分之茶，茶只八分耳。”因此，水对于茶很重要。安吉龙王山是黄浦江之源，源头水经苕溪汇入太湖，再流至黄浦江，成为孕育这一富庶之地的母亲水。为此，每当安吉雪舞的时节，馆主会亲自带人上龙王山采集白雪，用来化雪水沏安吉白茶，以结缘天下爱茶的朋友。

宋茗安吉白茶会所位于浦源县城大道北侧，是展示安吉白茶的平台和窗口。所内设施齐全，以论茶、品茶、斗茶为主要内容，兼谈茶事业务。它将饮茶美学价值提高到了一个新的高度，极大地丰富了人们的精神文化内涵。

3.茶景观

白茶谷：位于天荒坪镇大溪村下方，原名芙蓉谷。峡谷幽深，峭壁悬空，风景秀丽。千年白茶王就生长在这里，故将此谷改为白茶谷。

太平观：道教庙宇，位于安吉梅溪镇钱坑桥村的隐将坞峡谷中，为纪念南朝齐梁时道教思想家、医学家陶弘景而建。据清康熙《安吉县志》记载，陶弘景中晚年曾隐居于此，潜心于道教理论，成为道教正一派第九代宗师。他对茶道颇有研究，长期饮用梓坊茶，年九十而红光满面，被安吉人尊为茶圣。

石刻：一为白茶祖石刻，立于天荒坪镇大溪村的白茶谷内，以天然巨石为基石；二为国际白茶村石碑，立于凉亭岗村口；三为国际白茶村石碑，立于溪龙乡黄杜村口；四为上马坎石刻，位于凉亭岗南端的上马坎考古点，上刻有书法家鲍贤伦先生书写的“浙江旧时代文化遗址考古第一点”十四个大字。

人物雕像：白茶仙子雕像，立于溪龙乡集镇进口处的白茶公园中；白茶皇帝赵佶雕像，立于白茶街西端。

茶文化纪念石柱（即华表）：立于溪龙白茶街中部。其柱圆且粗，构思别出一格，雕刻精细，茶文化风味浓郁。它与繁华的白茶街相互照应，相得益彰。共有八根石柱，高近10米，直径1米。石柱上用不同字体镌刻着《茶经》《大观茶论》等，配以白茶传说故事人物及茶树、花草。

安吉白茶文化展示馆：坐落在溪龙的集镇中心。它建于2009年

白茶街中部的华表

溪龙集镇中心的安吉白茶文化展示馆

10月，占地面积2000平方米。它主要展示：（1）茶的起源及传说故事、茶的礼仪、茶的风俗等茶文化；（2）安吉白茶的历史渊源及发展历程；（3）各类制茶工具；（4）各类茶具及茶文化书籍；（5）溪龙乡几家典型茶企介绍。广场上塑有古代茶农培育茶园、制茶、品茶等人物形象，栩栩如生。它是安吉白茶生态博物馆的信息资料中心。进入馆中，可见到茶艺表演，也可品茶。

白茶第一村：溪龙乡黄杜村，群山起伏，万亩白茶基地连成一片，犹如绿色的海洋。茶园中道路纵横交错，四通八达，水塘、水池遍布其间，形成青山绿水、天高云淡之景色；街道、村庄嵌入其中，生机盎然，如诗如画。高处设观景台，登台观景，让人心旷神怡，流连忘返。

白茶主题公园：位于县城生态博物馆南侧递铺港东侧，以巨大的茶具为主景，彰显安吉白茶的魅力。

白茶街：位于安吉县溪龙乡的集镇中心。街道长近500米，两边茶肆、商店林立，以销售、品尝白茶为主。

白茶仙子公园：位于溪龙乡集镇进口处，面积近3000平方米。它以白茶文化为主题，亭台水榭布置其中。公园中立有白茶仙子玉石雕塑一尊，为白茶之乡的标志。

白茶影视中心：位于溪龙乡黄杜村大山坞万亩白茶基地的中心地段。徽派建筑，古香古色，依山傍水，环境秀丽。

大观茶亭：位于溪龙白茶基地内。亭六柱圆檐宝塔顶，檐下有名家所书的“大观茶亭”四字。伫立于亭内，可览茶园风光。它是一座带有纪念性质兼观茶园风光的凉亭。

白茶旅游文化休闲中心：坐落于溪龙乡境内的万亩白茶基地中部。休闲中心依托自然生态优势和万顷茶海之曼妙景观，突出白茶文化的创意与休闲，着力打造具备综合旅游、休闲、娱乐、影视创作、文化养生与艺术交流功能的白茶文化公园。中心内建有极具地方特色的白茶古街、白茶历史博物馆，展示安吉白茶制作技艺这一国家级非物质文化遗产的白茶坊，以及弘扬茶道文化的白茶养生馆、白茶文化艺术馆、白茶论坛等。

四、传承与保护

自20世纪80年代末，在海拔800余米的大溪山中发现一株性状独特的白茶王后，由县林科所技术人员通过无性繁殖，使安吉白茶迅猛发展，其经济、文化价值超出人们的想象。因而，对传统的制茶工艺的研究、记录、整理工作已经日益受到重视，对白茶制作技艺的保护进入了一个崭新的阶段。

四、传承与保护

[壹]存续状况

安吉白茶的传承基地在溪龙乡黄杜村。历史上这里盛产绿茶，村民们在房前屋后、田边地脚均栽种茶树，也不乏成片栽种的。茶农们初春采茶制茶，除自己留用外，多余的茶都拿到市场上售卖。20世纪50年代，该大队成立林场，以种桑为主。由于土质贫瘠，种下的150亩桑苗均未成活。接着该村改种药材，也未成功。由于该村的土质、气候适宜绿茶的生长，并有种植茶叶的历史，最后决定，林场以种植茶叶为主。林场管理员陈守彬与场员一起，经过三年的努力，终于可以采摘自己培育的茶叶了。在县林科所技术人员刘益民的指导下，他们对传统的制茶方法进行改良、提高，学会了多种制茶技艺，掌握了绿茶制作的基本方法，所制作的茶叶深受市场欢迎。因而溪龙乡所产的茶叶一时名声在外。

1982年，刘益民与他的课题组一起，通过无性繁殖方法，在短短的五年内，使消失900余年的名茶起死回生，源源不断的新白茶苗从林业所输出。俗话说：近水楼台先得月。首先得益的当然是溪龙人了。经过规模种植，溪龙成为该县的白茶基地，引领全县白茶产

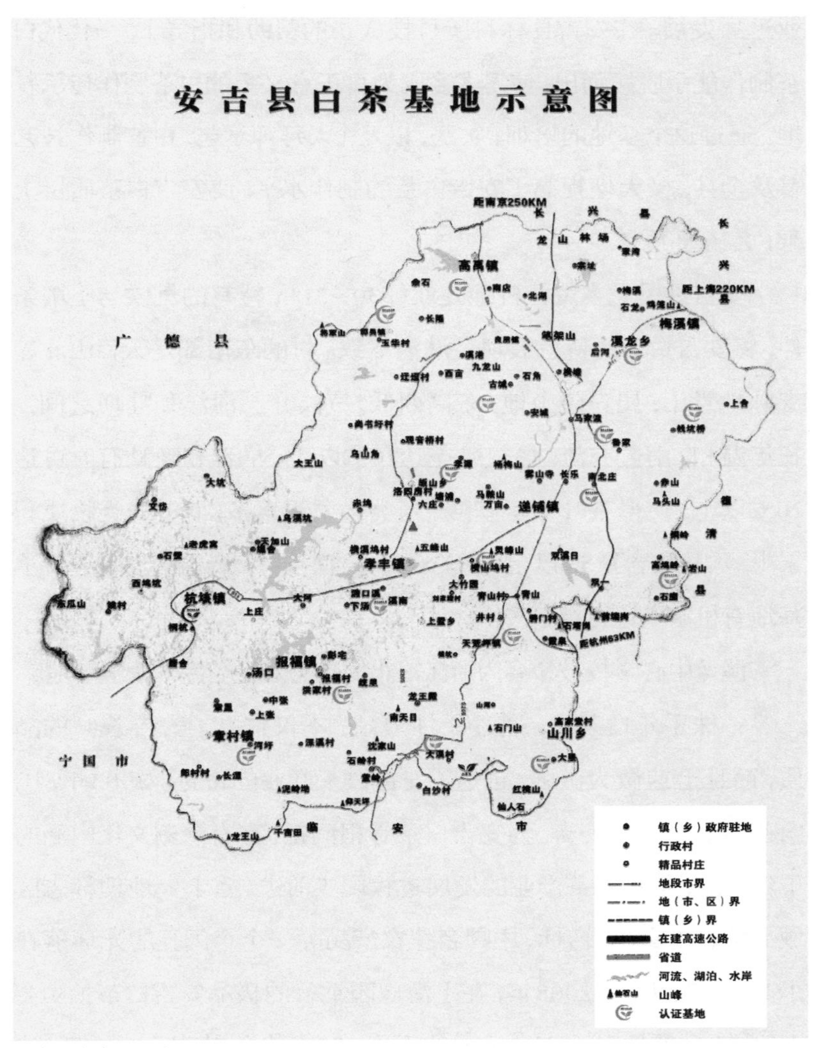
安吉县白茶基地示意图
距南京250KM
长兴县
距上海220KM
广德县
宁国市
临安市
德清县
距杭州63KM
高禹镇
梅溪镇
溪龙乡
递铺镇
孝丰镇
杭垓镇
报福镇
章村镇
山川乡
镇（乡）政府驻地
行政村
精品村庄
地段市界
地（市、区）界
镇（乡）界
在建高速公路
省道
河流、湖泊、水岸
山峰
认证基地

安吉白茶基地示意图

业迅猛发展。在安吉县林科所科技人员的帮助和指导下，一代代白茶制作能手脱颖而出，使溪龙乡成为真正意义上的白茶制作传承基地。通过这个基地的培训、实践，以及个人拜师学艺，白茶制作技艺普及全县，极大地提高了安吉白茶的制作水平，使安吉白茶质量上乘，名扬天下。

安吉县溪龙乡黄杜村地处北纬30～31°，特有的气候与土壤条件，将安吉白茶的特色展现得淋漓尽致。村的东南部是天目山北麓支脉地堂山，属丘陵山地，东高西低，气候介于海洋和陆地之间，长年温和，雨量充沛，昼夜温差达10℃以上，早春和晚秋有时可达20℃以上，使得茶叶中氨基酸、糖类物质积累多，而多酚类物质积累少，氨基酸含量5%以上，高的超10%，使茶叶具鲜甜味。现有传承基地有机茶山近万亩。

溪龙中心学校被命名为浙江省非物质文化遗产传承教学基地。

一株千年白茶王，通过无性繁殖，不仅提升了安吉茶叶的品质，而且迅速做大做强，创造了安吉白茶产业的奇迹。2003年，国内茶界泰斗齐聚安吉，为安吉白茶寻根问祖，富有深刻文化内涵的千年茗品，朝着名茶产业的发展进程阔步前进。省十大地理标志区域品牌、中国驰名商标、中国名牌农产品等一个个闪亮的光环落在了安吉白茶头上。2008年，在上海豫园举行的极品安吉白茶拍卖会上，安吉白茶拍出了1克1000元的天价，“5克黄金1克茶”的传说，让安吉白茶成了次日各大媒体的头条新闻。

安吉白茶从发现一株母树开始，到今天已拥有生产茶园面积17万余亩，年产量1800吨，产值20.16亿元，为全县36万农民人均增收5600元，产值占全县农业总产值的四分之一，占农民年均收入的五分之二。到目前为止，全县茶农使用安吉白茶商标的单位有239家，其中市级农业龙头4家，年产值500万元以上的茶企业30余家，3000万元以上的7家，茶叶专业合作社45家，专业交易市场3个。上百家安吉白茶专卖店遍布全国各大、中城市，全产业链从业人员20万。安吉白茶推广速度之快、产品价位之高、市场品牌之响、总体效益之好，在我国茶叶发展史上书写了一个精彩的绿色传奇！

[贰]代表性传承人

刘益民（被安吉人尊为白茶之父）

安吉白茶能有今天，和终身奉献白茶事业、被安吉茶农尊为白茶之父的刘益民先生是分不开的。

刘益民生于1934年。他于1956年参加浙江省茶叶中技班学习，毕业后被分配到安吉任技术员，1979年调到县林科所从事茶叶科研工作。1980年，他在参与浙北地区茶树品种选育试验时，了解到该县天荒坪大溪村的高山野谷中有一株茶树与众不同，枝叶茂盛、苍翠，嫩芽绿中泛白。其条敷阐，其叶莹薄，叶白脉绿。有着丰富育茶经验的刘益民，凭着直觉认定这是一株珍稀品种。经多次考察和研究古

典书籍，他发现此茶与宋徽宗所撰的《大观茶论》上记载的白茶一样。他心中暗忖：这就是失传已久的白茶！于是萌发了无性繁殖的设想。

他小心翼翼地从古茶树上剪下几枝枝丫，带回去研究、试验。在一无资料、二无先例的情况下，刘先生将一株株茶苗扦插在自己家的小院中，用上了自己所学的全部技术，希望这些来自大山中的白茶插穗快生根、成长、繁育。在试验的过程中，刘先生注入所有精力，每天浇一次水，天天用眼盯着看，不许别人碰一碰。村人见他如此痴迷，都取笑他是书呆子：没有根的枝丫能成活吗？

经过刘益民日夜悉心照料，功夫不负有心人，第一次扦插的20余株白茶苗终于成活了。他欣喜若狂，深信白茶通过扦插是能成功的。家庭扦插成功后，刘先生十分激动，他约了几位从事茶叶专业的同事，成立白茶无性繁殖课题组，在林科所正式实施白茶无性繁殖试验。由于不了解白茶的生理特性，不了解气候、温度、水分、土质、阳光等条件对白茶的影响，结果课题组的试验一次又一次地失败了。老刘并未气馁，通过分析、化验，终于发现是土壤中的细菌在作祟。于是，他马上将熟土换成生土，白茶无性繁殖再次在县林科所获得成功。自此，安吉白茶无性繁殖的科学实验在县林科所正式启动。

1982年4月，刘益民先生带领程雅谷及县林科所技术人员，再次从这株野生白茶上剪取插穗537枝，在县林科所无性繁殖苗圃扦插育苗，成活288枝，无性繁殖终于成功。

1983年，林科所技术人员将白茶苗移栽林科所良种选育对比试验小区进行试验栽种，实栽82丛，存活78丛。

1987年，安吉白茶开发基地实验课题组成立，从实验小区母本园剪取插穗进行无性繁殖育苗、种植。溪龙乡黄杜村紧依县林科所，故率先移植林科所繁殖的白茶苗，形成规模种植。

安吉白茶通过插穗无性繁殖育苗，其种植面积在安吉境内迅速扩展。但怎样才能显出白茶独特的茶韵呢？刘先生反复研究了宋徽宗所著的《大观茶论》，他根据“白茶自为一种，与常茶不同。其条敷阐，其叶莹薄……”的性能和特点，寻找如何克服“芽英不多，尤难蒸焙。汤火一失，则已变而为常品”的办法，从“须制造精微，运度得宜”入手，努力使再次问世的安吉白茶达到“表里昭澈，如玉在璞，他无与伦”的要求。刘先生根据新生的安吉白茶叶片薄、叶脉细等特点，研读了许多古代制茶名人的经典文章，翻阅了大量的现代制茶专家的论文，了解中国名茶制作工艺，结合地方传统制茶经验，经过反复试验，最终选定了适合白茶的加工方式——“毛峰制作法”，作为安吉白茶的制作工艺标准。1989年，以“玉凤”命名的首采安吉白茶在浙江省第二届斗茶会上获得了99分的最高分，次年又获99.3分的好成绩。

1990年，刘益民先生和他的团队在县林科所成功建立了白茶开发基地5.6亩。刘先生认为，白茶打出了名气，种茶的人就多起来了，茶苗的需求量就会大量增加，将已经成熟的无性繁殖育苗技术传授给农民，不仅能满足扩大白茶种植面积的需要，同时也能帮助农民尽快脱贫致富。于是，他就在林科所周围弄一块地作为示范基地，言传身教，手把手地将白茶无性繁殖育苗技术毫无保留地传授给周围的茶农，因而，安吉白茶基地溪龙乡的茶农们，都尊他为师父。

喝水不忘挖井人。饮茶思源，品尝过白茶美妙滋味的人，都会感恩刘先生做出的巨大贡献，中国茶史将永远铭记他的事迹。虽然刘先生表示培育推广白茶不是他一人之功，但不能否认他在安吉白茶的开发、培育、制作等方面所起到的巨大作用，称其为白茶之父，他当之无愧。

虽然刘益民先生已离去，但他为安吉白茶事业所做的贡献将永远留在安吉人的心中。

陈守彬（国家级“非遗”传承人）

陈守彬，安吉县人，国家级非物质文化遗产项目安吉白茶制作技艺的主要代表性传承人。2009年，他已经是省级非物质文化遗产传承人，由他制作的安吉白茶参加首届中国·浙江非物质文化遗产博览会，获优秀参展项目。2011年，由他制作的安吉白茶参加中国·浙江非物质文化遗产博览会，获银奖。陈守彬对安吉白茶鲜叶选择、加工温度控制和审评有独特见解，他掌握了茶叶的色香味与加工条件之间的关系。他通过手工和机械制茶两种工艺的相互融合，进一步提高了安吉白茶的加工水平。他指导农户生产，为农户做技术培训，为全县茶叶加工水平的提高起到了一定的推动作用。

陈守彬从20世纪50年代开始学习并从事传统绿茶手工炒制工作，当时他被派往溪龙大队林场担任管理员，原种植的150亩桑树由于土质关系并未成活，随后改种的香草、芍药也不见生长，最后在村干部的建议下，他开始尝试着种植绿茶。三年后，绿茶得以摘采。

陈守彬在制茶

在县林科所刘益民先生的指导下，他第一次手工炒制茶叶，未曾想到效果出奇，

陈守彬在传授炒茶技艺

看到形态优美、香气满溢的成品茶，他对炒茶这一技艺的喜爱一发不可收。而后溪龙白茶横空出世，由于安吉白茶叶白脉绿，叶张薄茎梗粗，要保持其颜色鲜绿、叶张完整、条直、不红梗，充分表达其鲜甜味，难度极大，要求甚严。而由老机器炒制出的成品，因为火候和温度等原因，不是红梗就是焦边，与人们的期望相距很大。当时，他抱着试一试的心态，去找刘益民先生讨教，在刘益民的指导下，结合自己掌握的传统绿茶手工炒制技艺，开始尝试白茶手工炒制。经过不断地摸索实践，安吉白茶炒制成功了。

手工炒制的安吉白茶叶张玉白，叶脉翠绿，叶片莹薄，外形条索紧细，外观色泽为鹅黄色，冲泡后形似凤羽，色如玉霜，香气清新持久，滋味鲜醇，汤色清澈明亮，与宋徽宗笔下所描述的白茶品质基本相同。因此，他与刘益民被人们视为第一代安吉白茶制作的师傅，向他学习的人络绎不绝。

安吉白茶制作技艺继承并发扬了中国古代传统的绿茶工艺，完整地再现了茶叶手工炒制技艺：采摘、摊放、杀青理条、初烘、摊晾、复烘、收灰干燥7道工序。每道工序都有很多细节，对白茶手工炒制的质量都有着直接或间接的影响。陈守彬在每个细节上严格把关，将其视为提高白茶质量的关键。

陈守彬从1990年开始收徒，培养安吉白茶制作技艺传承人。在乡政府农办工作的钱义荣，虚心好学，多次上门来学习、探讨白茶手工炒制技艺，陈守彬毫无保留地将安吉白茶制作技艺传授给钱义荣，使钱义荣成为安吉白茶制作技艺的第一传承人。后来，当地的政府工作人员，茶场、茶叶公司的负责人和茶农，相继前来拜陈守彬为师，学习手工炒制技艺，人数超过30人。再后来，陈守彬的孙子也开始学习白茶炒制技艺。虽然陈守彬年事已高，无法亲自示范，但理论上的辅导则是天天在进行。陈守彬很高兴地说："我的孙子白天跟随大人实际操作，晚上就和我一起聊茶。安吉白茶制作技艺作为中国茶叶加工的传统技艺，传承至今已有近千年历史，具有深厚的文化内涵，中间虽有断层，但从我们这一代开始，要一代接一代地传

承下去，这是我们的责任，也是我们的义务。”

陈守彬认为，随着市场经济的发展，安吉白茶制作要在手工炒制和机械加工两者之间建立一个平衡点。机器炒茶方便快捷，产量也高，但难以达到手工制作的品质，也难以满足消费者的多种需求。要保持安吉白茶制作技艺这个非物质文化遗产的传承，既能保持传统技艺本身，又能满足市场多种需求，进行批量化生产，满足市场需求，提高产量和社会效益，就需要更多的人来参与手工白茶制作。因为安吉白茶制作技艺是一项生命力极强的技艺，其价值无法估量。应该看到，作为礼品茶，手工炒制茶比机制茶的价格要高得多。这种技艺是机器无法取代的。手工炒制不仅是市场的需求，更是非物质文化遗产的传承。

陈守彬先生豪爽地说：“我现在虽然老了，但若有人想学，我还是愿意教，将好的东西发扬光大是最重要的。能有新一代的手工炒制大师，可以使安吉白茶制作技艺一代一代地传下去，我感到高兴。”是的，这位白发苍苍的老者，不仅在每年的白茶制作期经常到茶农家去指导白茶制作，还担任溪龙乡中心学校“非遗”传承进校园活动的指导员，指导学生课外实践活动，让娃娃从小就接触优秀的传统文化，让安吉白茶制作技艺的传承后继有人。

陈达有（市级“非遗”传承人）

安吉白茶的重新发现和利用，使传统茶叶制作技艺有了新的发

陈达有在制茶

展、提高，更有大批白茶制作能手涌现出来，传承者如雨后春笋遍及全县，陈达有就是其中的佼佼者。

陈达有是安吉县溪龙乡溪龙村人，自幼耳濡目染父亲制茶过程，成人后经父亲陈守彬的传授，掌握了茶叶制作的全部技艺，成为远近有名的制茶能手。在搞大集体生产的时代，他白天参加集体劳动，晚上去林场制作茶叶，额外的收入改善了家庭生活，也使他的制茶手艺不断提高、精湛。

安吉白茶产业在溪龙乡兴起后，他与父亲一起潜心研究白茶独有的特性，对照《大观茶论》中描述的白茶特征，多次采摘刚发的

绿茶芽与白茶芽进行比对，发现安吉白茶是由茶树基因突变而来。该品种属灌木型、中叶种，分枝和发芽密度中等，主干明显，叶片大小中等，叶狭长、椭圆形，叶面微内凹，叶齿浅、叶缘平，属中芽种。叶薄梗硬，制作难度比绿茶高，尤难蒸焙。因此，他认为在白茶制作的7道工序中，炒制重点应放在掌握火候上，杀青是关键，白茶的色、香、味如何，在此一举。于是，他反复试验探索：如何掌握火力温度？如何运用翻炒技巧？如何使白茶叶片不致焦煳，而叶脉达到适中？经过努力，他终于达到《大观茶论》中描述的白茶特征。杀青的难关度过了，烘焙又是一大问题，如何突破白茶"尤难蒸焙。汤火一失，则已变而为常品"的难题，陈达有想了很多办法。他仔细观察烘焙过程中炭火受力的情况，发现平面的烘罩底中间受热过大，四周受热较少，往往造成中间过快干燥，四周却未收潮。如多次翻炒，先燥的白茶就会破碎。于是，他从烘焙工具上进行改革，他将原为平底的烘罩设计为拱圆形，让中部与炭火形成隔离度，并在上面加盖一层白老布，使炭火的力度放缓、均匀；在烘焙之前，将木炭全部燃透，使其火力均匀。如此操作，可谓"制造精微，运度得宜"，终于使安吉白茶"表里昭澈，如玉在璞，他无与伦也"。

高品质的安吉白茶，不仅制茶技艺须精湛，原材料也十分讲究。陈达有对鲜茶采摘的要求十分苛刻。采茶工上山之前，他总是千叮咛万嘱咐。

陈达有不仅在安吉白茶制作技巧上刻苦好学、精益求精，而且满腔热忱、乐于助人。他把传统制茶技艺和从实践中摸索出来的安吉白茶制作技艺毫无保留地传授给广大茶农。乡内各大茶场聘请他当技术顾问，凡有想学安吉白茶制作技艺的，他都会手把手地教他们，并详细介绍经验，讲解技艺要素，直到他们学会为止，为安吉白茶制作技艺培养出一大批传承人才。他还多次为各大茶叶企业制茶人员培训、指导，传送制茶技艺，受到广泛赞颂。

他虽无自己的茶企业，但溪龙乡境内的安吉白茶企业所得到的各种荣誉，也有他的心血和汗水。

严荣火（市级"非遗"传承人）

20世纪80年代初，安吉县林业科技人员在天荒坪镇大溪村的高山密林中发现了稀世珍宝——安吉白茶。经县科技人员刘益民、程雅谷、滕传英及当地农民技术员盛振乾、张爱萍等人的努力，白茶无性繁殖、培育成功，使失传千年的珍稀白茶在安吉大地四处开花，形成产业链，富裕了一方百姓，其间传承人起到了传帮带的作用，功不可没。生于斯、长于斯的严荣火，从小就看着父母及村人们采摘白茶、炒制白茶，耳濡目染，在不知不觉间已经基本掌握了白茶的培育、采摘、精制、保存、冲泡、品茗等一整套技艺。2001年，他凭借海拔800余米深山老林的土壤、气候、水质、气温以及安吉白茶祖的名望，选择在大溪村横坑坞建立起白茶基地280余亩，办起江南

严荣火在白茶祖的发现地

天池白茶厂，对白茶的栽培、采摘、精制、保存、冲泡、品茗进行了长期的研究与实践，取得了丰硕的成果，成为大溪村土生土长的安吉白茶制作技艺传承人。

白茶的制作与茶树的培育是分不开的。制作高品位的白茶，自然与精心培育茶园有关。严荣火认识到大溪村横坑坞是安吉白茶祖的发现地，在此开辟安吉白茶基地，培育的白茶品质应该会优质，故而选择在故乡开发安吉白茶。

有了属于自己的安吉白茶基地，严荣火就可以在安吉白茶制作上大显身手了。他根据多年来积累的丰富经验，结合安吉白茶市场和消费者的要求，精心制作自己的安吉白茶品牌。

他的冲泡和品尝技艺也是别具一格的。

严荣火认为讲究安吉白茶冲泡技艺，既能将白茶之汁完整再现，也是一道工艺展示，还能展现白茶的神韵。他在冲泡上分四步走：第一步，倒入少量开水温杯（最好选玻璃杯，能更好地看到茶叶轻盈曼舞之姿）；第二步，取3克左右白茶放于杯中；第三步，将开水（80～85℃为宜）沿杯壁冲入杯中，水量为杯子的四分之一；第四步，将杯子顺时针轻轻转动，使茶叶进一步吸收水分，香气完全挥发，时间为半分钟，然后以回旋注入法向杯中注水，水量占杯子的三分之二，静放两分钟。此时你可观赏到片片翡翠起舞，片片白玉卧底，汤色鹅黄明亮，性状至纯至美。值得一提的是，水质的好坏同样重要。他认为山泉为上，井水为中（注：自来水与井水同），河水为下。

待茶汤凉至可入口时，小口品味，滋味鲜爽，味甘生津，唇齿留香。待茶饮至茶杯三分之一时，添加开水，三次为宜。经过几十年的品茶，他不仅能喝出茶的好坏，而且能大概识别茶的种类、海拔高度，可谓经验丰富。

严荣火亲手制作的“江南天池”牌系列安吉白茶产品，经有关权威单位检测，氨基酸含量高达10.6%，茶氨酸含量达2.59%，是一

般绿茶的2~3倍；茶多酚含量10%~14%，酚氨比只有1.6~2.3。这种罕见的高氨低酚现象正是安吉白茶香高、味鲜的生化基础。而茶氨酸正是茶所含有的特征性成分，在其他动植物中极少发现，具有很强的保健功效：对保护神经细胞（改善脑损伤，延缓老年痴呆症有一定帮助）、降低血压、提高记忆力、减肥、护肝、改善女性经期综合征、增强抗癌药物的疗效，起到一定的辅助作用。已故茶学泰斗庄晚芳先生高度评价安吉白茶：大溪白茶具有观赏、营养、经济三大价值。

安吉白茶的再兴起，极大地鼓舞了严荣火献身安吉白茶事业的干劲。他从20世纪60年代起接触白茶，70年代基本掌握制茶技术，再到90年代末直到21世纪，他选送的茶叶多次获奖。2009年，他成为市级非物质文化遗产传人，由他选送的安吉白茶在自1999年6月（第三届）至2009年6月（第八届）“中茶杯”全国名优茶评比中连获特等奖，2011年10月获“中茶杯”金奖；又在1999年9月第二届中国国际茶博览交易会、2000年5月中旬中国精品名茶博览会和2003年上海国际茶文化节中国精品名茶博览会上获金奖；并分别在2000年、2001年、2002年获得国际名茶金奖。“安吉白茶”荣获中国驰名商标。严荣火为安吉白茶品质的提高，以及为安吉白茶走出安吉、走向中国、走向世界起到了重要的推动作用。严荣火原为安吉黄浦江源茶叶合作社副社长，现为白茶祖茶叶专业合作社社长、安吉县白茶协会常务理事、白茶祖主祭者。2004年，他成为中国劳动和社会保障部、中华全国供销合作社颁证的高级评茶员。2008年，经安吉县人事局评定为农艺师职称。

说起安吉白茶，严荣火感慨良多。白茶选择了安吉，白茶造福于安吉。安吉白茶这集天地造化之精灵，不仅美化了安吉的生态，而且成了建设新农村的动力，为中华茶史增添了新的一页。他决心将自己的白茶事业发扬光大，代代相传。他的儿子严梁珉今年32岁，已从事茶业10年，手工、机械炒制技艺已基本掌握，并获得浙江广播电视大学本科学历、助理农艺师证书。

[叁]保护措施

自20世纪80年代末在海拔800余米的大溪山中发现一株性状独特的白茶王后，由县林科所技术人员通过无性繁殖，使安吉白茶迅猛发展，其经济、文化价值超出人们的想象。因而，对传统的制茶工艺的研究、记录、整理工作已经日益受到重视，对安吉白茶制作技艺的保护进入到了一个崭新的阶段。

（一）组建了安吉白茶制作技艺保护项目组

建立了非物质文化遗产保护领导小组，成立了安吉白茶制作技艺保护项目组。

专职的项目保护小组成立后，立即着手对全县的安吉白茶资源、白茶文化、白茶传承人及制作技艺等进行普查，收集资料，整理归档，保证安吉白茶制作技艺不至于流失。

（二）依法强化安吉白茶原产地保护

完善了安吉白茶地理标志证明商标管理办法，明确了地理标志证明商标许可使用的条件和申报程序，做到四个统一，即统一生产技术规范、统一管理体系、统一产品质量标准、统一授权标识。实行“安吉白茶茶园证”制度，“茶园证”将作为茶农、茶企销售、收购安吉白茶青叶、干茶和使用安吉白茶地理标志证明商标的重要凭据。建立健全安吉白茶信用等级考评体系，建立县域内安吉白茶茶园数据库，公布安吉白茶原产地分级保护区。严禁获准使用安吉白茶地理标志证明商标的企业私自收购非安吉白茶原产地鲜叶加工、

安吉白茶基地成规模发展

生产安吉白茶。经销商销售安吉白茶须提供来源证明，建立购销台账，明码标价，自觉维护安吉白茶原产地交易秩序。加大执法检查力度，定期组织开展针对滥用规范标识、假冒伪劣等各种侵权行为的专项整治行动，及时查处违规使用安吉白茶地理标志证明商标、地理标志产品保护专用标识行为。进一步规范安吉白茶包装及定点印制企业管理，切实保护广大茶企业、茶农、茶商和消费者的合法权益。

（三）规范安吉白茶品牌管理

实行品牌专业化管理，加强安吉白茶个性化品牌商标申报与管理，充分发挥安吉白茶专业品牌指导站平台作用，指导规范全县安吉白茶品牌创建工作。强化安吉白茶母子商标管理体系建设，严格执行安吉白茶母子商标管理办法。稳步推进安吉白茶公开拍卖定价机制，促进安吉白茶品牌价值合理定位。结合企业依法纳税、依法生产经营情况，对存在违法开垦种茶、违法市场经营、违规使用商标等行为的茶叶企业予以规范整治。对行为恶劣、情节严重的，暂停证明商标使用和项目申报、年检办证，并取消有关扶持奖励政策和项目安排。

（四）注重安吉白茶制作技艺传承人的保护和培养

项目保护小组成立后，与安吉白茶协会紧密配合，开展有分有合、定期临时的栽培、管理、采摘、制作工艺培训，聘请茶叶专家上

理论知识课，邀请技艺高超的制茶师傅现场示范，以提高各级安吉白茶制作技艺传承者的技术水平。同时，积极鼓励拥有制茶技艺的制茶师申报县、市、省、国家级别的非物质文化遗产项目代表传承人。并建立了白茶传统制作工艺高、中、初级技师、技工和评茶师、茶艺师认证制度，积极鼓励制茶行业技工申报，通过现场考试、演示、评审，评定等次，逐级申报，经认证机构考核，颁发资格证书。

（五）安吉白茶制作技艺的保护

安吉白茶与其他绿茶的特性不同，其叶薄梗硬，运用传统的手工制作方法，存在着劳动强度高、工作量及制作难度大，且生产时间短等问题。为此，采用现代科学技术和现代化设备，创新工艺流程，确保白茶品质，减小劳动强度，降低生产成本，这是促进安吉白茶产业发展的关键。为了解决这一矛盾，由县农业局、科委、科协、白茶协会等部门紧密配合，组成白茶制作攻关小组，深入研究白茶手工制作原理，并研究如何将手工制作工艺运用到机械制作上。经过工程技术人员的努力，走出了一条白茶机械专业化生产的新路子，既保证安吉白茶手工制作的品质不减，又解决了时间与产量的矛盾。

（六）多渠道开展安吉白茶文化研究和宣传推广

充分挖掘安吉白茶文化资源，致力健全“安吉白茶飘香旅游精品带”。十几年来，全县已建成20余个集茶园生态探幽、文化休闲、旅游观光、制茶品茶于一体的茶叶生态休闲观光园区，延伸茶的文化旅游功能。制定实施了安吉白茶文化建设规划，适时启动了安吉白茶制作技艺申报世界非物质文化遗产名录工作，扩大了县级安吉白茶制作技艺非物质文化遗产项目代表性传承人的范畴。筹建安吉白茶文化资料库，规划建设安吉白茶博览馆，融合昌硕文化面向全国发展“昌硕茶馆”。鼓励扶持社会资本投资建设品位高雅、风格独特的安吉白茶专题馆、茶艺表演厅，支持龙头企业组建茶文化表演队、省级星级茶馆。鼓励创作安吉白茶文学、影视精品，编纂出版安吉《白茶经》。编印通俗的普及白茶知识

到了采茶的季节，采茶工成了安吉的一道风景

让孩子从小就染上茶香

读物，供在校学生课外阅读、实践。加大对外宣传力度，拓宽安吉白茶手工炒制技艺的传承途径与宣传范围，使安吉白茶制作技艺得以传承和延续。

大力普及推广安吉白茶基础知识和科学饮茶知识，持续组织开展“茶为国饮、健康消费”等活动，普及茶知识，弘扬茶文化，促进茶消费，发展茶经济。

（七）传承计划

2014年，建立传承人档案，理顺了发展目标；培养一批白茶手工炒制技艺传承人；编印小册子供在校学生课外阅读；提升白茶制作技艺整体水平。

2015年，在乡政府设立安吉白茶制作技艺保护工作专家指导组，成员由茶叶技术人员及项目传承人组成。为确保保护工作不流于形式，专家指导组全过程参与项目保护工作的具体实施。同时，专家指导组在参与过程中拥有指导义务和监督权利。

2016年，研讨提升手工制作改良工艺技艺，整体提高水平，编写出版一部系统介绍白茶制作技艺的专著。

2017年，传承和培训基地的各项工作走上制度化、规范化，提升安吉白茶文化生态博物馆档次，更好地实现白茶文化的传承和发展。

2018年，以现有的白茶文化传承基地为基础，提升安吉白茶文化展示馆建设，形成具有传承、展示、教育等不同功能的基地链，并通过社会教育和学校教育等途径，使安吉白茶文化得以进一步传承、弘扬。

附录

相关论文、大事记及各类奖项

（一）相关论文

安吉白茶的历史地位与品质优势

中国国际茶文化研究会副会长 程启坤

安吉白茶属白叶茶类，春天低温时长出的芽叶是莹白色的，制成的茶叶香气滋味特别鲜爽，其特征特性符合宋代徽宗皇帝《大观茶论》中所指的白茶。因此安吉白茶已有近千年的历史。安吉白茶由于芽叶内富含游离氨基酸，其中特别是茶氨酸含量很高，是一般茶叶的两三倍，因此具有特别好的保健功效。现就安吉白茶的历史地位及其优势简述如下：

1.历史上的白茶

历史上的白茶有两种，一是宋代时，春天长出的芽叶是白色的，即宋徽宗《大观茶论》中所称的白茶；另一是明代福建福鼎一带生产的白毫银针一类的白茶。安吉白茶与中国六大茶类中所指的白茶，如福鼎白茶，是两个不同的概念。安吉白茶是一种特殊的白叶茶品种芽叶，经杀青、造型加工制作而成，外观色泽为绿色，属于绿茶类；而福建的白毫银针和白牡丹，是采用白毫多的品种芽叶，不经过杀青，直接萎凋晒干制成的茶叶，满披白毫，外观色泽呈白色。这种白茶属红茶、绿茶、青茶、白茶、黄茶、黑茶六大类中的白茶类。简而言之，安吉白茶是用白色芽叶制成的绿茶；而福建白茶是用多毫的绿色芽叶制成的白茶。

宋代徽宗皇帝酷爱白茶，精于茶道，善于点茶。在北宋大观年间，著有一部《茶论》，后人称之为《大观茶论》。该书有序、地产、天时、采择、蒸压、制造、鉴辨、白茶、罗碾、盏、筅、瓶、勺、水、点、味、香、色、藏焙、外焙等二十一节。

“白茶”是其中的一节，现将这一节内容抄录如下：“白茶自为一种，与常茶不同，其条敷阐，其叶莹薄。崖林之间偶然生出，盖非人力所可致，正焙之有者不过四五家，生者不过一二株，所造止于二三铐而已。芽英不多，尤难蒸焙。汤火一失，则已变而为常品。须制造精微，运度得宜，则表里昭澈，如玉之在璞，他无与伦也。浅焙亦有之，但品不及。”

宋子安在《东溪试茶录》“茶名”一节中记述：“茶之名有七白叶茶，民间大重，出于近岁，园焙时有之。地不以山川远近，发不以社之先后，芽叶如纸，民间以为茶瑞，取其第一者为斗茶，而气味殊薄，非食茶之比。今出壑源之大窠者六（叶仲元、叶世万、叶世荣、叶勇、叶世积、叶相）；壑源岩下一（叶务滋）；源头二（叶团、叶肱）；墼源后坑一（叶久）；鳌源岭根三（叶公、叶品、叶居）；林坑黄漈一（游容）；丘坑一（游用章）：毕漏一（王大照）；佛岭尾一（游道生）；砰溪之大梨漈上一（谢汀）；高石岩一（云擦院）；大梨一（吕演）；砰溪岭根一（任道者）。”宋子安在这里记载的白叶茶共有21株。这些白茶树留传到现在的可能为数不多，或已不复存在。

赵汝砺在《北苑别录》“拣茶”一节中记述：“唯龙园胜雪、白茶二种，谓之水芽，先蒸后拣……”说明当时制造白茶的鲜叶原料也很细嫩，只取茶芽。在“纲次”一节中记述：“茶有十纲，第一第二纲太嫩，第三纲最妙……白茶用十六水、七宿火……白茶无培壅之力，茶叶如纸，故火候止七宿，水取其多，则研夫力胜而色白，至火力则但取其适，然后不损真味。”

蔡襄在《茶记》中记述：“王家白茶闻于天下，其人名大昭。白茶唯一株，岁可作五七饼，如五铢钱大。方其盛时，高视茶山，莫敢与之角。一饼值钱一千，非其亲故，不可得也。终为园家以计枯其株。予过建安，大昭垂涕为余言共事。今年枯蘖辄生一枝，造成一饼，小于五铢。大昭越四千里，特携以来京师见余，喜发颜面。予之好茶固深矣，而大昭不远数千里之役，其勤如此，意谓非予莫之省也，可怜哉。乙已初月朔日书。”大昭即王大昭，当时这株白茶也相当出名。

苏轼在《寄周安孺茶》这首长诗中也盛赞白茶的品质，诗曰“自云叶家白，颇胜中山醁"，说的是建州叶家白茶胜过美酒。因上述宋子安在《东溪试茶录》中记述的建州白茶培植者大多姓叶，所以当时的叶家白茶颇具影响力。

2.安吉白茶的历史地位

上述宋徽宗所描写的宋代白茶，在当时也不多见。制造得法，其品质是非常好的。从描写的茶树形态来看，叶片莹薄，如玉之在璞，老远望去，万绿丛中一点白。笔者实地考察了安吉白茶原种茶树，确实是这种情景。从茶树形态和叶片特征来看，茶树枝条也是柔软易铺散开，春天新发芽叶黄白色，这株茶树生长在深山，老远望去，确实是万绿丛中一点白。制茶品质也确实如宋徽宗所称的第一好茶。根据这些，可以认为安吉白茶就是宋徽宗《大观茶论》中所指的白茶，具有近千年的历史。

3.安吉白茶的品质特征

安吉白茶这类白叶茶，是一种在低温情况下产生叶绿素缺失的遗传变异体，是茶树中的特异性品种。在我国一些地区均有发现，如浙江安吉、安徽歙县等。其芽叶形态与宋徽宗《大观茶论》描述的一样。由于这种茶树代谢机能的特异性，低温时抑制了其叶绿素的合成，但由于蛋白质水解酶的活性显著提高，又大大地提高了其游离氨基酸的生成量。因此，早春白叶茶的游离氨基酸含量一般均在6%以上，高者甚至达9%，其他品种的含量只有2%～4%。黄叶中游离氨基酸的含量很高，因此有利于提高成品茶的香气和滋味的鲜爽性。由于白叶茶中氮代谢旺盛，而碳代谢相对受到抑制，因而其中茶多酚含量较低，通常只有其他品种的一半左右。由于茶多酚含量低，故该茶没有苦涩味。安吉白茶的这一化学特征类似日本的薮北种，它们都是酚氨比很小的茶树品种。

安吉白茶的生化特性决定着安吉白茶的品质特征，使它具有干茶色泽黄绿似玉，开汤后香气高爽，滋味鲜醇，没有苦涩味的特性，深受年轻白领、女性及老年人的喜爱。

4.安吉白茶的保健功效

安吉白茶除了具有一般茶叶的化学基础物质，如含有茶多酚、咖啡碱、叶绿素、多种维生素和矿物质无机成分之外，它的主要化学特征是游离氨基酸含量很高。茶叶中游离氨基酸有20多种，其中茶氨酸要占氨基酸含量的50%～60%。安吉白茶中茶氨酸含量可高达3%。

据研究所知，茶氨酸的保健功效，主要有以下七个方面：

（1）提高脑神经传达能力

研究发现，茶氨酸吸收进入脑部以后，可以使脑内神经传达物质多巴胺显著增加。多巴胺是脑内30多种神经传达物质之一。科学家发现，帕金森症和神经分裂症的起因，就是由于病人的脑部缺乏多巴胺。另外，茶氨酸影响脑中多巴胺等神经递质的代谢和释放，由这些神经递质控制的脑部疾病也有可能因此得到调节和预防。

（2）保护神经细胞

老年人易产生脑血栓等脑障碍性病变，由此引起的短暂脑缺血常导致缺血敏感区的细胞发生神经细胞死亡，最终引发老年痴呆症。已经发现，神经细胞的死亡与兴奋型神经传达物质谷氨酸有密切联系。在谷氨酸过多的情况下会出现细胞死亡，这通常是老年痴呆症的病因。茶氨酸与谷氨酸结构相近，会竞争结合部位，从而抑制神经细胞死亡。这些研究结果，使茶氨酸有可能用于脑血栓、脑出血中风，以及老年痴呆症等疾病的预防与治疗。

（3）镇静作用与提高记忆力

试验测试表明，茶氨酸能增强脑中a波的强度，从而有使人心情放松，起到镇静的作用。现代生活节奏加快，精神压力往往较大，因此茶氨酸在“降压”、放松心情方面可能会起积极作用。动物试验还证明，茶氨酸有提高记忆力的作用，这与茶氨酸能调节脑部神经传达物质的代谢和释放有关。试验还表明，茶氨酸有改善女性经期综合征的作用，使经期出现的头痛、腰痛、脑部涨痛、无力、易疲劳、精神无法集中、烦躁等症状得到有效改善。

（4）减肥、护肝、抗氧化作用

研究发现茶氨酸能降低腹腔脂肪，以及血液和肝脏中脂肪及胆固醇的浓度，因此具有减肥功效。此外，还发现茶氨酸有护肝、抗氧化等作用。茶氨酸的安全性是很好的，试验表明，在5g／kg的高剂量情况下，也未发现急性毒性。

（5）增强抗癌药物的疗效

试验发现，茶氨酸与抗肿瘤药物并用时，茶氨酸能阻止抗肿瘤药从肿瘤细胞中流出，提高药物在肿瘤细胞中的浓度，从而增强抗癌效果；同时，茶氨酸还能减少抗肿瘤药的副作用，提高血液白细胞和骨髓细胞的数量，以及防止脂质过氧化。另外，也发现茶氨酸有抑制癌细胞浸润的作用，因此减缓了癌细胞的扩散。

（6）增强免疫功能

科学家研究发现，喝茶能使人体血液免疫细胞的干扰素分泌量增加5倍。干扰素是人体抵御感染的化学防线。这是茶叶中茶氨酸的功效，因为茶氨酸能在人体肝脏内能分解出乙胺，而乙胺又能调动人体血液免疫细胞，促进干扰素的分泌，从而能更大地提高抵御外界侵害的能力。

（7）祛烟瘾和清除重金属作用

中国科学院生物物理研究所的相关研究团队，继去年发现了抑制烟草和尼古丁成瘾的新物质茶氨酸，通过调节尼古丁受体和多巴胺释放而实现祛烟瘾作用之后，又发现其对烟雾中的重金属包括砷、镉和铅具有显著的清除作用。它还可以明显减少吸烟产生的有害自由基、亚硝胺等致癌物质和一氧化碳量，降低因吸烟引起的急性毒性和慢性致癌作用。

综上所述，安吉白茶除了具有一般绿茶的保健功效外，由于它的茶氨酸含量比一般绿茶要高两三倍，因此常喝安吉白茶比喝一般绿茶的保健功效更强，尤其在保护神经细胞、增强免疫功能、祛除烟瘾、消除疲劳等方面更为突出，对预防老年痴呆、增强记忆力、帮助戒烟、预防疾病和清心静心更有帮助。

5.安吉白茶的发展趋势

安吉白茶是20世纪80年代在安吉横坑坞800米的高山上发现的一株白茶树，嫩叶纯白，仅主脉呈微绿色，很少结籽。安吉白茶由当时县里的技术人员剪取插穗繁育成功，至1996年已发展到1000亩，但可以采制的只有200亩，年产干茶不足千斤，后来有了一定的发展。

2003年10月，由中国国际茶文化研究会牵头，举办了一次《大观茶论》与安吉白茶研讨会，会上经专家考证认为：安吉白茶就是宋徽宗在《大观茶论》中所指的白茶。因此安吉这株白叶茶的历史应在900年以上；明陈继儒在《茶董补》中称"于是白茶遂为第一……白茶，上所好也"。可见白茶尤为珍贵，曾是最受徽宗皇帝喜爱的好茶，从而大大提高了安吉白茶的文化内涵。中国国际茶文化研究会还在该县设立了安吉白茶研究中心，此后，该县每年都举办相应的茶文化活动，茶文化促进了茶产业的发展。而科学技术的普及与应用，使全县安吉白茶种植面积已近10万亩，年产值已超过11亿元，白

《大观茶论》与安吉白茶研讨会在安吉举行

茶的收入已占全县农民收入的15%以上。不仅如此，近年来全国不少茶区广泛引种安吉白茶，估计全国种植安吉白茶的面积有100万亩，都获得了显著的经济效益。

近年来，安吉白茶是全国各地举办的名茶评比中获金奖频率最高的茶叶，不仅在国内，就是在国际名茶的多次评比中，获金奖也是

最多的。据此，本人曾在安吉的一次茶文化活动中提出个人看法，认为安吉白茶是世界第一名茶。

可见，安吉白茶的发展前景一定是很好的。不过安吉白茶过去只采春茶，夏、秋茶利用较少，现在有些地方利用夏、秋茶做红茶或乌龙茶，还进行深加工利用，这也许是进一步提高总体效益的好办法。

为安吉白茶的进一步发展，要做的事情还很多，从科研方面看，如何防止品种退化，优良品种的提纯、复壮等都是很重要的。

（写于2003年）

安吉白茶之我见

中国农业科学院茶叶研究所 虞富莲

安吉白茶从1980年发现时的一个单株被迅速培育成为一个品种群，并有了20000多亩栽培面积，数千亩投产茶园，超亿元产值，一举成了我国名特优茶类中的佼佼者。其品种推广速度之快、产品价位之高、市场品牌之响、总体效益之好都是我国茶树育种史上少有的。这主要在于它有特殊的白化现象、优异的自然品质和独有的茶韵，而这一切又是其他品种所不具备的。

1.品质特征及成因

用春梢一芽一二叶所制成的安吉白茶，具有翠绿间黄的色泽，清鲜持久的香气，鲜爽甘醇的滋味，鹅黄明亮的汤色，玉白脉绿的叶底。该茶冲泡时似片片翡翠起舞，颗颗白玉卧底；饮后唇齿留香，甘醇生津，欲罢不能。这样的评价，恰如其分地道出了安吉白茶“表里昭澈，如玉之在璞，他无与伦也”的特征和底蕴。

现在的安吉白茶是用鲜嫩芽叶经摊放—杀青—理条—复炒—烘焙而制成的，从制茶工艺看并无独特之处，因此，品质的形成应该是取决于其自然品质，而这又似乎与以下两方面有关。

首先，优越的自然条件。安吉白茶原生长在浙西北海拔800米的山区，属天目山系。境内层峦叠嶂，云遮雾罩，以竹木为主组成的山林常年葱绿，由花岗岩母岩风化成的土壤含有较多的钾、镁等微量元素；全年无霜期短，冬季低温时间长，绝对低温一般在－10℃以下，相对湿度大，直射的蓝紫光较少。在这样的生态条件下发生的突变体形成了独有的遗传特性，如有规律的白化返绿现象和高氨低酚的代谢特征。据测定，春梢一芽二叶的氨基酸含量在6%左右，茶多酚在10%～14%，酚氨比只有1.6～2.3，这样的高氨低酚在我国众多茶品种中是极为罕见的。这是安吉白茶香高味鲜的生化基础。

据研究，安吉白茶对自然条件的依赖性是较强的，如越冬芽在冬季不度过低温期，翌年春梢的白化现象就不显著，这表明低温是诱发白化的重要条件。一些南部低海拔地区引种后反映白化现象不明显，品质也逊于安吉本地，这可能是生态条件差异大，越冬期低温不足所致。因此，引种安吉白茶首先要考虑到自然条件的相似性。

其次，特殊的生理机制。据研究，安吉白茶是一种具有阶段性白化现象的温度敏感型突变体，即越冬芽在日平均温度23℃以下时生长的新梢才有白化现象，超出这一阈值就不白化，而是逐渐返绿，故夏、秋茶也均为绿色。我们做过这样的试验，将二年生茶苗先放在10℃的人工气候箱中预处理两星期，然后分成三组，分别放入15℃、19℃和23℃三种气候箱中。6天后观察，15℃和19℃组长出的一芽一叶均为白色，23℃组虽已长到一芽二叶，但都是绿色的；12天后，23℃组长到一芽三叶，仍是绿色，即23℃的苗没有出现白化现象，15℃和19℃组与田间苗一样，叶白脉绿。我们再将处理过的15℃的苗放入23℃中，发现4～7天后开始返绿，16天后完全复绿；将23℃没有白化过的苗放入15℃温度中，叶片并不发生白化现象。由此表明，安吉白茶是否白化，关键是第一轮芽生长时所处的温度范围，超过23℃就不会变白。而白化是形成安吉白茶优异品质的基础。

2.由安吉白茶引出的话题

（1）白茶，我国自古有之，宋徽宗《大观茶论》中描述的白茶，从其生长环境、性状、数量来看，似乎指的就是安吉白茶。白茶也并非仅产自安吉，还有安溪白茶、歙县白茶、天台白茶、嵊州白茶等，它们或因白化程度低，或是偶尔为之，或是遗传性不稳定，都未能有规模地开发成商品。安吉白茶虽有稳定的白化返绿现象，但从植物学特征看，在形态分类上，仍属于山茶属茶种。

（2）现在，茶区有一味追求早的现象，早品种，早发芽，早上市，卖高价几乎成了产区的共识。实际上这样做并不好，如有些发芽特早的国家或省级品种，虽春茶捷足先登，但因香气低，滋味淡薄，未能赢得市场，滞销积压，只能充当花茶茶坯。安吉白茶是中生种，发芽比福云6号、黄叶早等迟，抢不到头口水，但因其品质优异，不愁没有市场，且高档安吉白茶卖价稳居在3000元/公斤以上。由此看来，在消费观念日益成熟的今天，优质才是茶叶生产的生命线。由此对今后的育种、引种工作也都有很大的启示。

安吉白茶在1998年被浙江省农作物品种审定委员会认定为省级品种。从种质资源角度看，它又是一个非常珍稀的资源，是品种创新或生物技术研究不可多得的材料。例如，其白化现象属于限性遗传，种子苗为绿色（仅3%左右为白色），若能深入研究白化表现与控制性状的基因，如利用分子标记技术，检测与白化性状有关的DNA标记，并定位在染色体上，有可能育成四季皆白的新品种；利用电泳法，显示安吉白茶的特异谱带和功能性成分的关系，在茶树品质育种上具有作用；利用白茶氨基酸源库平衡变化的机理，研制出蛋白质水解剂，有可能提高一般品种的氨基酸含量。这些在生产上都具有重要的意义。

（3）安吉白茶的春梢在日平均温度超过23℃后就会返绿，为了延长白化期，多产多收高档安吉白茶，应尽量在高海拔山地或气温回升较慢的阴坡地种植。

（4）目前生产有机茶的关键技术尚不够成熟，尤其是病虫防治和营养施肥缺乏有效措施，往往会导致产品自然品质下降，产量降低，收入减少。安吉白茶是个温度敏感型突变体，光合作用能力较弱，长势较差，如果作为有机茶园栽培，很可能因管理不到位，导致

减产减值，因此，引种安吉白茶应以发展无公害茶园为主。

（5）建议：①要像保护黄浦江源头生态环境一样保护好安吉白茶母株，不宜把白茶祖当作旅游景点开发；要采取原生境保护方式进行保护，尤其是春茶期间要落实专人看管，防止采叶攀枝，损伤生机。②安吉白茶品牌已享誉省内外，为避免业外人士将安吉白茶与安吉白片混淆，应将安吉白片另行取名，以正视听。

（写于2003年）

（二）大事记及各类奖项

1980年8月，县政府拨款对大溪山中的白茶王进行保护、培育和管理。

1982年4月，县林科所技术人员刘益民、程雅谷等从野生白茶王的嫩枝条上剪取插穗537枝，在县林科所无性繁育苗圃进行短穗扦插育苗，成活288枝。安吉白茶无性繁育成功。

1983年3月，林科所技术人员将白茶苗移栽于县林科所良种选育对比试验小区进行试验栽种，实栽82丛，成活78丛。

1987年1月，成立安吉白茶开发基地试验课题组，从试验小区母本苗圃剪取插穗进行无性繁殖育苗、种植。

1990年12月，在县林科所建立白茶开发基地5.6亩。

1991年6月，"玉凤"牌安吉白茶在年度全省名茶评比会上被评为一类名茶。无性繁殖育苗、种植课题成果获安吉县和湖州市科技进步二等奖。

1992年11月，中国农科院茶叶研究所主持实施省《安吉白茶特异性状鉴别与利用》课题。

1997年1月，县农业局主持实施湖州市《白茶生产技术推广课题》，1998年12月通过市课题鉴定。7月，成立安吉县白茶开发领导小组，制定了安吉白茶开发一期规划和优惠政策，鼓励农民发展白茶生产。12月，完成课题研究，基本掌握了安吉白茶生长特性，确定安吉白茶的返白现象主要与当年生长期的温度有关。

1998年3月，启动安吉白茶证明商标申报工作，4月，通过省课题鉴定。5月，安吉白茶通过省级茶树良种认定，安吉白茶成为“98中国国际名茶、茶制品、茶文化展览会”名茶推荐产品。6月，制定《安吉白茶县地方标准》，9月颁布实施。9月，成立安吉县白茶协会。11月，安吉白茶获浙江省优质农产品金奖，并被评为浙江省农业名牌产品。

1999年3月，国家商标局审查处来安吉考察安吉白茶证明商标申报工作。6月，安吉白茶获浙江省农业科技进步二等奖。安吉白茶在全省第十三届名茶评比中被评为一类名茶，并获第三届“中茶杯”全国名优茶评比特等奖。9月，安吉白茶参加第二届中国国际茶博览交易会，获国际名茶金奖。12月，安吉白茶获省科技进步三等奖。

2000年6月，安吉获得“中国白茶之乡”称号。安吉白茶获国际名茶金奖。9月，安吉溪龙千亩无公害白茶示范园区启动建设，2001年6月完成。10月，安吉白茶协会换届。

2001年1月，安吉白茶获得原产地证明商标注册。4月，举办首届中国·安吉白茶节。安吉白茶获“会稽杯”浙江省精品名茶展示会金奖。5月，安吉白茶被评为2001中国国际名优茶、茶文化展览会无公害名优茶特别推荐产品。6月，启动溪龙白茶街建设，2003年4月建设完成。安吉白茶获国际名茶金奖，并在第四届“中茶杯”全国名优茶评比中获特等奖。7月，颁布实施《安吉县白茶“十五”发展规划》。11月，安吉白茶参加中国浙江国际农业博览会，获金奖。

2002年4月15～21日，举办第二届中国·安吉白茶节。4月18日，安吉白茶王在上海拍卖，100克白茶拍得4.05万元。成功举办第一届白茶仙子选美大赛。5月，安吉白茶获中国精品名茶博览会金奖。6月，安吉白茶获国际名茶金奖。12月，安吉白茶被列入湖州市著名商标。

2003年1月，安吉白茶被列入浙江省著名商标。4月，安吉白茶获2003年上海国际茶文化节中国精品名茶博览会金奖。5月，成功举办《大观茶论》与安吉白茶研讨会。6月，安吉白茶被授予浙江名茶证书，并在第五届“中茶杯”名优茶评比中获特等奖。著名金石书法篆刻家刘江先生为安吉白茶题写“白茶祖”。11月，安吉大溪白茶谷举行中国白茶祖揭碑仪式。

2004年4月，安吉白茶获国家原产地域产品保护，并获上海国际茶文化节中国精品名茶博览会金奖。安吉白茶上浙江省十大名茶榜。

2005年4月，在北京成功举办安吉白茶推介会，使安吉白茶的知名度进一步提高；皈山启动白茶源生态基地项目；溪龙乡成功举办首届白茶文化书画笔会；中央4台海外版来安吉拍摄《春茶·中国》；安吉白茶入选为国礼用茶。安吉县被评为浙江省茶树良种推广先进县。5月，安吉白茶获济南国际茶文化节金奖一、二名。6月，安吉白茶再次获得第六届“中茶杯”名优茶评比特等奖（安吉17家参赛茶业企业全部获奖，其中5家获特等奖，10家获一等奖，2家获优质奖）。10月，安吉县被评为浙江省茶树良种推广先进县。元清茶业在北京马连道茶缘茶城隆重开业。安吉白茶获第二届中国国际茶业博览会金奖。成功举办第二届安吉白茶仙子评选。

2006年2月，中国白茶网第一次改版。3月，安吉白茶网成功举办首届文学艺术作品有奖征集活动。安吉县白茶协会换届。4月，举办首届“宋皇贡茗”安吉白茶开采节。6月，谒白茶祖，品白茶王，游茶竹乡，安吉白茶网举行建站一周年庆典。8月，制订《安吉白茶包装管理办法》。安吉白茶喜获浙江十大地理标志区域品牌。安吉县顶级茶馆递一滴水开业。12月，大山坞、杨家山首获茶叶QS认证。安吉白茶国家标准正式实施。安吉白茶获世界佳茗大奖。

2007年1月，安吉白茶国家标准正式实施。举办迎新春安吉白茶

2007博客征文活动。安吉“递一滴水”茶艺馆举行迎新春品茶会。5月，龙凤团茶（饼型安吉白茶）发掘研制成功。6月，安吉白茶仙子丁艺在《纯真年代》中饰演红菱。7月，安吉白茶网络书法大赛成功举办。8月，《安吉白茶行业自律公约》制定并实施。9月，首个安吉白茶青叶市场在溪龙乡启动建设。10月，奥运冠军参观安吉白茶北京推广中心，体验安吉白茶文化；安吉白茶载誉第七届“中茶杯”，23个参评样茶全部获奖，一举夺得9个特等奖。11月，《安吉白茶报》创刊。

2008年2月，经中国名牌农产品推进委员会评估，安吉白茶成为中国名牌农产品。4月，安吉白茶组团参加上海豫园首届国际茶文化艺术节；同日，安吉白茶荣获中国名牌农产品和中国驰名商标新闻发布会在上海豫园举行。

2010年6月，全国文化遗产日，安吉白茶制作技艺被列入第三批国家级非物质文化遗产名录。

2011年1月，安吉溪龙仙子白茶会所（安吉溪龙仙子商务会所）举行开张庆典。

2012年，成立正科级单位的安吉县白茶产业发展办公室。

2013年11月，安吉县人民政府出台《关于加快提升发展安吉白茶产业的实施意见》和《加快提升发展白茶产业若干扶持政策》。

2014年3月，制订《安吉白茶章程》。7月，制订《安吉白茶证明商标使用管理规则》。

主要参考文献

1.阮浩耕、沈冬梅、于良子点校注释，《中国古代茶叶全书》，浙江摄影出版社，1999年1月。

2.文轩，《茶经译注》，上海三联书店，2004年1月。

3.[宋]赵佶，《大观茶论》，上海文化出版社，2010年。

4.[清]刘蓟植，《乾隆安吉州志》，清乾隆十四年刻本。

5.[清]罗为庚，《康熙孝丰县志》，清康熙十二年刻本。

6.[民国]干人俊，《孝丰县志稿》，民国19年草本。

7.程启坤著，《〈大观茶论〉与安吉白茶》。

8.湖州市政协主编，《安吉白茶手工炒制技艺》，2012年。

9.湖州市政协主编，《守望》，杭州出版社，2013年12月。

后记

2014年7月中旬，受安吉县文化广电新闻出版局的委托，我们接到编写此书的任务。对此我们感到十分棘手，一是才疏学浅，缺乏茶业知识；二是时间过紧，相关素材与资料奇缺，可谓“巧妇难为无米之炊”。承蒙领导相中，我们只好勉强为之。于是，根据浙江省文化厅下发的相关文件要求的编写体例，编制一份篇目提纲，呈局领导审阅。得到领导的首肯后，我们便进入紧张的编写工作。

首先，我们查阅了手边的《安吉州志》《安吉县志》《孝丰县志》及相关茶叶发展史的古代典籍，希望从中获得有关安吉白茶发展的有用佐证。可惜的是，除了宋徽宗赵佶所著的《大观茶论》中的寥寥数语外，其他各类史志描述白茶技艺的几乎是空白。我们感到好奇，便去县农业局茶叶科拜访高级工程师赖建红。她告诉我们，自宋徽宗以后的900余年，安吉白茶已从人们视野中消失，鲜为人知。20世纪80年代在大溪山中发现白茶祖，由原县林科所科技人员通过无性繁殖，安吉白茶方再现。听完赖工的介绍，我们激动不已，消失近千年的名茶——安吉白茶失而复生，乃我县人民一大福气也。这极大地激发了我们编好这本书的激情。于是，我们走访了大量的白茶研究专家、白茶生产企业、白茶制作技艺传承人、从事白茶文化研究的干部和相关科技人员，并阅读了大量有关安吉白茶茶事方面的报刊和专家的文章。这些，为我们编写《安吉白茶制作技艺》一书提供了丰富的资料。

编写期间正逢盛夏季节，天气又不作美，忽晴忽雨，我们白天骑着电瓶车下乡、进城采访、搜集资料，晚上秉烛疾书，一年之间数易其稿，终于完成了领导交给的艰巨任务。

在本书的编写过程中，县农业局茶叶科高级工程师赖建红、溪龙乡文化站站长江国安、孝源街道党委施月素等人为我们提供了大量的文献资料和照片；白茶示范企业主薛勇、宋昌美、许万富、严铁尔、盛勇成、徐文华以及白茶制作技艺传承人陈守彬、陈达有、严荣火等为本书提供了大量的第一手资料；“递一滴水”茶艺馆馆主钱群英女士为本书提供了丰富的茶艺照片，使本书增色不少；摄影师林春荣先生不仅提供了许多照片，并直接参与书稿的策划；安吉县非遗中心田忠忠同志在本书编写过程中做了大量工作。对于他们的大力支持，在此表示由衷的感谢，也感谢审稿专家省“非遗”保护专家委员、中国美术学院教授王其全。

由于编者水平有限，书中肯定有许多缺点和错误，诚望茶界专家、学者和广大读者批评指正。同时，也希望本书能为今后的白茶研究者们提供一些基础材料。

编著者

2015年12月1日

责任编辑：盛　洁
装帧设计：薛　蔚
责任校对：王　莉
责任印制：朱圣学

装帧顾问：张　望

图书在版编目（CIP）数据

安吉白茶制作技艺 / 董仲国，黄卫琴，苏婷编著.
-- 杭州 ：浙江摄影出版社，2016.12（2023.1重印）
（浙江省非物质文化遗产代表作丛书 / 金兴盛总主编）
ISBN 978-7-5514-1675-7

Ⅰ. ①安… Ⅱ. ①董… ②黄… ③苏… Ⅲ. ①制茶工艺—安吉县 Ⅳ. ①TS272.4

中国版本图书馆CIP数据核字(2016)第311481号

安吉白茶制作技艺

董仲国　黄卫琴　苏　婷　编著

全国百佳图书出版单位
浙江摄影出版社出版发行
地址：杭州市体育场路347号
邮编：310006
网址：www.photo.zjcb.com
制版：浙江新华图文制作有限公司
印刷：廊坊市印艺阁数字科技有限公司
开本：960mm×1270mm　1/32
印张：5
2016年12月第1版　　2023年1月第2次印刷
ISBN 978-7-5514-1675-7
定价：40.00元